女人挣得少 也能过得好

FOR WOMEN:
HOW TO LIVE BETTER WITH LESS INCOME

博锋 著

天地出版社 | TIANDI PRESS

图书在版编目（CIP）数据

女人挣得少也能过得好 / 博锋著. —成都：天地出版社，2017.9

ISBN 978-7-5455-2663-9

Ⅰ. ①女… Ⅱ. ①博… Ⅲ. ①女性—财务管理—通俗读物 Ⅳ. ①TS976.15-49

中国版本图书馆CIP数据核字（2017）第065148号

女人挣得少也能过得好

出品人　杨　政
著　者　博　锋
责任编辑　陈文龙　孟令爽
封面设计　古涧文化
封面图片　CFP
电脑制作　思想工社
责任印制　葛红梅

出版发行　天地出版社
（成都市槐树街2号　邮政编码：610014）
网　址　http://www.tiandiph.com
http://www.天地出版社.com
电子邮箱　tiandicbs@vip.163.com
经　销　新华文轩出版传媒股份有限公司

印　刷　河北鹏润印刷有限公司
版　次　2017年9月第1版
印　次　2017年9月第1次印刷
成品尺寸　165mm×235mm　1/16
印　张　16.5
字　数　203千字
定　价　36.00元
书　号　ISBN 978-7-5455-2663-9

咨询电话：（028）87734639（总编室）
购书热线：（010）67693207（市场部）

前言

PREFACE

管好挣来的钱，
你会比现在过得更好

也许你是一名普普通通的女大学生，正羡慕地看着眼前路过的女孩指尖跳跃的色彩，你也很想试试去做个美甲，可想到父母辛劳的身影和所剩无几的生活费，你只能羞涩地笑笑，买下货架上廉价的指甲油……

也许你是一位都市女白领，苦苦维持着光鲜亮丽的外表，但谁也不知道，为了购置这些行头，你已经沦为“卡奴”，在沉重的经济压力下身心疲惫……

也许你是一个全职主妇，为了家庭，为了丈夫和孩子，你放弃了工作，牺牲了事业，全心全意回归到家庭之中。但又有谁见到，你望着橱窗里华丽衣裳时候的羡慕眼光，又有谁在意，丈夫嫌弃你满脑子总是家长里短时，你闪烁在眼眶里的泪点……

也许你是单亲妈妈，独自扛起生活的重担，却总因为无法给孩子更好的生活而内疚、痛苦；也许

你是职场女强人，想要靠自己的力量闯出另一片天地，却因沉重的工作压力而陷入无休止的购物欲望中不断沉沦；也许你贫穷，为了掩饰尴尬，只能在金钱面前扬起高贵的头颅，摆出清高的模样；也许你懒惰，为了安慰自己，只能堆起天真又虚伪的笑容，高喊着“金钱是万恶之源”的口号继续向前冲……

你也许总在告诉自己：“虽然没有钱，但我拥有健康！”

你也许总在告诉自己：“虽然没有钱，但我拥有爱情！”

你也许总在告诉自己：“虽然没有钱，但我拥有家庭！”

你也许总在告诉自己：“虽然没有钱，但我拥有朋友！”

你也许总在告诉自己……

我不知道你是谁，我也无从得知，没有钱，你的生活是否真的依旧如此美好而满足。但我可以告诉你，当你有钱的时候，姑娘，你的生活会发生怎样的变化，你所拥有的一切会产生怎样的颠覆！

当你有钱的时候，你能为你和你家人的健康提供更为周全的保障，你可以带着你的父母亲每年定期做全部的体检，你能让他们不再操劳，却能享受到高品质的生活，你能在他们遭遇病痛时沉着应对，不再因为缺钱而急得焦头烂额；

当你有钱的时候，你不必因现实的无奈而和爱人两地分居，你不必因婚房的着落而纠结是选择爱情还是面包，当你看到适合他的领带时，不会再因为苦恼预算是否足够而被人捷足先登，当你想与他携手一起去广大的世界走一走时，也不必再为出行的花费而举步不前；

当你有钱的时候，你能把家安得稳定，你能让孩子拥有自己的房间，你能给他买昂贵的钢琴，也能给他报英语兴趣班，你能带他去更远的地方，见识更多的东西，你能花更多的时间陪他，而不是为了明天的饭钱而错过他的家长会；

当你有钱的时候，你不再因聚会的花费而苦恼，你能常常和朋友相聚在一起，共同回忆当年的趣事，你不必再因朋友陷入麻烦而揪心，却又无法给予他任何经济上的帮助，你不需要再自卑，再隐藏自己生活的窘迫，你也不需要再回避，生怕同学会上有人问起你的生活境况……

有钱，能让你的生活更好；有钱，能解决你人生90%以上的烦恼。

你可能现在赚得不多，你可能觉得自己缺乏经济头脑，你可能以为自己只能依靠男人，你甚至可能已经心安理得地接受了自己贫穷的命运……但是，只要你还有一丝想要改变人生的念头，只要你还有一点想要重新点燃生活的希望，只要你还有哪怕一分一毫，对你的人生感到不满意的想法——那就行动起来吧！

抛弃惰性，抛弃不自信，抛弃假清高。女人爱钱没什么错，钱能让我们的生活变得更好，钱能让我们活得更有尊严，钱能让我们的爱情，我们的家庭更有保障！女人挣得少不要紧，从现在开始，通过合理的投资理财能让你过得越来越好。

只要你肯努力，肯学习，肯付出，肯动用你那无与伦比的智慧头脑，你会发现，投资不像你想象中那么难懂，理财也不像你预期里那般难学。但学会了这项技能，你的人生却能如你预期那般，发生翻天覆地的变化！

你真棒！

家里的资产打理得很好！

不仅工作、家庭两不误，

还让家庭资产增长了 10%，

提升了全家人的生活品质，

很了不起！

目 录

CONTENTS

认清“钱途”：

钱少不是病，“脑残”才要命

“省”财有道：

节约 1 分钱，就是赚了 1 分钱

不做“卡奴”：女神到“女奴”只一步之遥

爱“拼”才会“盈”：省钱也时尚，“拼客”正流行

眼观“钱”路，心听“钱”事：财经消息比娱乐八卦有用得多

认清“钱途”：

钱少不是病，“脑残”才要命

金钱不是万能的，但没有钱的确是万万不能的！

钱是什么？它不仅是一张纸币，或者几枚硬币，它还是人类从远古一直到如今都不停在追逐的东西。

对任何一个人来说，想要获得真正的独立，首先就要做到经济独立；想要获得真正的自由，首先就要实现财务自由。

金钱不是万恶之源，而是生活通往幸福的阶梯。

女人一定要认清“钱途”，抓住财富，因为只有做到经济独立，才能在心理上真正获得安宁。

对自己马马虎虎，日子会越过越马虎

我的朋友贝小姐在结婚三年后终于还是完全蜕变成为“黄脸婆”了：已经起球的宽松运动外套，粗糙的皮肤，缺乏光泽的头发，还有那只已经看得出明显磨损的皮包。这就是她出现在我们几个朋友小聚会上的样子。

“我可不像安琪那样有福气，嫁了个能赚钱的好老公，每天只要负责貌美如花就好了！”

“我可不像林莎莎那样好命，‘富二代’，今天飞巴黎，明天去日本！”

“我可不像刘晓那样会赚钱，女强人，自己开公司，都快上市了！”

……

贝小姐的抱怨不绝于耳。聚会进行到一半，贝小姐就急匆匆“闪人”了，因为她还要赶着去超市打包几个打折的熟食做晚饭，然后接孩子放学……

每个女人都曾有过“公主梦”和“小资心”，谁不希望每天活得光鲜亮丽、潇洒随意呢？但现实是，绝大多数女人在嫁为人妻之后，都会变成免费的“保姆”和邋遢的“老妈子”，就像我们亲爱的贝小姐一样。毕竟生活如此艰辛，哪怕是能扛半边天的“金刚芭比”也会有松懈的时候，都会在劳累与压力中把日子过得越来越马虎。

这个世界上绝大多数烦恼都是可以用钱来解决的：没时间、没精力保养皮肤？没关系，只要花钱，美容院的大门永远为你敞开；没时间、没精力打理头发？没关系，只要花钱，美发师随时可以为你服务；没时间、没精力收拾房子？没关系，只要花钱，家政清洁公司任你挑选……只可惜，在这个世界上，绝大多数的女人都没有这么多钱。

你未必能嫁个钻石王老五，你未必好运到含着金汤匙出生，你也未必有超强的赚钱头脑和工作能力，很多时候，你和大多数的普通女人一样，只是芸芸众生中一个普普通通的工薪族。你需要每天上足8小时的班，甚至可能经常需要付出额外的加班时间；你每个月拼了命也只能赚几千块钱，却还背负着房贷、车贷；你需要照顾粗心的丈夫，需要服侍年迈的父母，需要照看年幼的孩子——这就是你的生活，也是绝大部分平凡女人的生活。

但是，难道这些平凡的女人，就只能把日子过得马马虎虎？就只能顶着乱糟糟的发型，用着廉价的化妆品，穿着过时的衣服，把自己全部的人生都打上“马马虎虎”的标识？当然不是！你的生活是由你的态度决定的。如果这并不是你想要的生活，那就拿出点斗志来，去改变现状，永远不要觉得“日子马马虎虎过得去就行了”。

年近五十的王淑芳女士是我最近报的瑜伽班上的一位“老前辈”，已经练习瑜伽一年多了。她是一个单亲妈妈，丈夫在她三十几岁时就因病去世了，之后她便独自带着女儿生活，没有再结婚。

王淑芳女士的家庭状况非常普通，她是一名会计，每个月工资收入大概也就是两三千块钱，算得上是当地收入的平均水平吧。虽然收入不高，但王淑芳女士的生活却过得比大多数人都讲究而精致。比如，她很爱干净，家里总是打扫得一尘不染；她每天都会化妆，哪怕只是出门买个菜，也总会穿戴整齐；她的衣服都能看出年代感，但搭配上不同的小配饰之后，颇有种复古的优雅味道。

我们都喜欢和王淑芳女士聊天，因为她知道哪个菜市场的菜新鲜又便宜，知道哪家超市什么时候会打折，知道哪家餐厅的菜品新鲜又好吃。她还总能给别人推荐许多附近花钱不多又好玩的地方，比如附近乡村的农家乐，或者某处适合野餐的郊外。更令人意外的是，刚退休的她还能熟练操作电脑买卖股票和基金，每当这些小投资赚了钱之后，她都会奖励自己，去某家一直想去的餐厅吃一顿大餐，然后再给在外地工作的女儿买份礼物……

比起贝小姐来，作为一个收入不高的单亲妈妈，王淑芳女士的生活压力显然要大得多，但事实上，王淑芳女士的生活状态显然要更加舒适、惬意。

虽然你没有钱过上奢侈华丽的生活，但你可以让自己的屋子变得干净温馨；虽然你没有能力拥有昂贵时尚的衣服，但小小的点缀也能体现出你的精巧细致；虽然你不愿在发型上花费过多，但你总可以让你的头发干净整齐……

钱少不要紧，哪怕赚得再少，你也可以让自己过得很好。不能去马尔代夫享受椰林树影，可以到附近的公园或山间体会蓝天白云；不能喝着红酒吃牛排，可以挽起袖子给自己做一顿丰盛的晚餐。重要的是，你对生活的态度是什么样的，你对自己的态度又是什么样的。

如果你的生活并不是你想要的，那就拿出斗志来，不要总在无奈中妥协，不要总是告诉自己“马马虎虎过得去就好”。一直马马虎虎，生活就

爱自己，爱生活，

日子过得精致漂亮，才是真的成功。

只能越过越马虎！

即使赚得再少，只要有合理的规划，也能让每一分钱都发挥出它的作用。钱少不是病，不会过日子才要人命。请记住：你的生活之所以黯淡无光，不是因为你穷，不是因为你笨，而是因为你对生活、对自己都没有要求。马马虎虎的人，只配拥有马马虎虎的人生！

聪明的女人会赚钱，精明的女人会理财

在当今社会，“做得好不如嫁得好”这句话已经out了，真正令人羡慕的，不再是只需要负责“貌美如花”的全职太太，而是那些聪明、时尚、独立的职场“白骨精”——白领、骨干、精英。

人人都想成为会赚钱的聪明女人，不再靠看男人脸色决定自己买几个包包、几件衣服，每个月进几次美容院。的确，在现实生活中，无论你身处职场还是家庭，只有掌握经济大权，才可能拥有话语权。但问题是，赚钱这种能力，并不是每个人都能拥有的，很多时候，不管你付出多少努力，都无法成为那颗闪亮的“职场之星”。

是的，这就是现实，令人悲伤、失望的不公平的现实。但有的时候你必须面对，也必须承认，你确实不是那种会赚钱的聪明女人。但也不必发愁，因为即便你成不了职场“白骨精”，通过理财，你也能够拉近与财富之间的距离，成为精明的“小富婆”。

罗敏和秦菲菲是大学同学。罗敏漂亮时尚，聪明外向，在大学时就是校园里有名的风云人物，活跃在各个社团和学生会里。秦菲菲则低调内向，大学四年下来，她认识的人恐怕用一只手就能数过来。

毕业之后，罗敏顺利进入一家世界五百强企业，并很快从一名普通小

职员晋升成了部门主管，年薪几十万，令人羡慕不已。秦菲菲呢，只是进了一家很普通的公司，每个月薪水也就几千块，和大多数的同学一样，并没有什么令人羡慕的好运气。

八年之后，在参加校庆的聚会上，大家又聚在了一起，谈起各自毕业之后的生活。光鲜亮丽的罗敏依然是众人的焦点，如今的她已然成了人人羡慕的职场“白骨精”。而秦菲菲呢，依旧和从前一样，一副安静朴素的样子。

可一说到房子、存款之类的事情时，大家都震惊了，收入颇高的罗敏除了买下两套房子之外，几乎没有任何存款，每月还得还房贷，而秦菲菲却已经是个身家百万的小富婆了！毕业后境遇天差地别的两个人，却在财富值上几乎打了个平手，真是令人意外啊！

在大家的起哄声中，罗敏无奈地一摊手，说道：“我虽然挣得多，可应酬也多啊。薪水和业绩是挂钩的，为了打拼事业，增强自己的竞争力，每个月光是花在衣服、美容上的开销就不小呢！再说了，工作那么忙，我哪有时间去计划怎么花钱、怎么理财啊。”

秦菲菲则腼腆地笑道：“我挣得不多，工作也不像罗敏那么忙，所以我把更多的时间都放到投资理财上了。我每个月都会存一部分钱，然后投入理财产品，有的理财产品回报率很不错的。后来我看房地产市场比较好，就跟家里借了些钱买房子，现在也升值不少……”

人们常常以为，只有赚得多的人才能成为有钱人，但事实并非如此。罗敏和秦菲菲就是最好的例子。

罗敏俨然就是人们所羡慕的那种会赚钱的聪明女人，天生丽质，头脑灵活，能力出众。但月入上万的她所积攒下的财富，却远远不如预期的那样可观，原因其实很简单——她不懂得合理管理自己的资产。

生活中像罗敏这样的人不在少数，挣得多，花得也多。他们总以为，只要自己能挣钱，不断想办法增加收入，就能成为有钱人。但现实是，这样的人往往可能会因为自己收入高而忽视消费方面的控制，对金钱数额也几乎没有什么概念，永远不知道自己挣来的钱到底花到哪里去了。

秦菲菲则不同，她虽然赚钱能力不强，却在资产管理上十分精明。她能把手上的每一分钱，都花在最能发挥其作用的地方。她能将有限的资源进行合理的分配，甚至做到以钱生钱，让自己的资产像滚雪球一样，越滚越大。

巴菲特先生就说过这样一句话："人一生中能积累多少财富，不是取决于你能赚多少钱，而是取决于你如何投资理财。"确实如此，一个人再能赚钱，如果不会理财，不懂得管理自己的资产，那么不管赚多少钱，这些钱也不会成为自己长久的财富。

会赚钱的聪明才智不是每个人都能拥有的，但只要付出努力，愿意去学习，任何人都能成为理财高手。理财不仅仅是简单的投资、赚钱过程，理财更是一种生活态度。正确的理财方法是确保家庭生活长期稳定的必要条件，也是加强风险抵御能力的重要途径。

需要注意的是，挣多少花多少的"月光"态度虽然不可取，但锱铢必较、一毛不拔的"铁公鸡"态度更是要不得。个人理财必须建立在恰当的日常消费和适合自己的避险措施上，只有做到这两点，才能确保个人和家庭的生活井然有序、安稳幸福，也才不违背理财的初衷。

各位工薪族的姐妹们，就算成不了职场"白骨精"，也得做精明"小富婆"。女人挣得少不要紧，重要的是要学会利用手里有限的金钱资源，让其发挥出最大的价值，让自己过得好。正所谓“有钱不置半年闲”，赶紧行动起来，加快你的资金周转速度，让手里的钱“活”起来！

相信自己：理财，真的能改变你的一生。

告别“没钱，没时间！”

有首老歌是这么唱的：“我想去桂林呀，我想去桂林，可是有时间的时候我却没有钱……我想去桂林呀，我想去桂林，可是有了钱的时候我却没时间……”歌虽然老，却俨然就是现代人的写照。

对绝大多数的工薪族来说，钱和时间就像一对仇人，永远别指望“他们”能和平共处，同时出现。想要钱，你就得拿时间去换；想要时间，那你就只能放弃钱。于是，有钱没时间的人不停哀叹，工作何时是个头；有时间没钱的人焦虑不已，到底何时才能挣到钱……

“钱”和“闲”，真的是个二选一的命题吗？

NO！NO！NO！你错了，没有钱的“闲”，是一种迫不得已，是一种对生活的无奈。当你需要在“钱”和“闲”之间挣扎选择时，那只能说明一个问题——你还没有足够多的钱。

试想一下，当你已经拥有了足够多的钱时，你还需要为一天被扣多少薪水而发愁吗？你还需要担心不去上班会影响自己的生计问题吗？当你再也不用担心这些问题的时候，闲暇的时间不就自然而然地有了吗？所以，不要以为钱和时间是道单选题，没有钱来保障生计，即便拥有再多的时间，也无法全身心地享受生活。

陆芸是一名律师，这份工作带给了她颇为可观的收入，但同时，这份忙碌的工作也占据了她生活的大部分时间。陆芸一直觉得，自己就是典型的那一类有钱却没时间享受生活的人。

结婚之后，在丈夫的建议下，陆芸果断放弃了自己的工作，开始了全职太太的生活。起初，这种生活让陆芸非常兴奋，因为一直忙碌的她突然有了大把时间来“挥霍”，她可以在工作日出去逛街，可以去上一直想去但没时间去的瑜伽班，甚至还能在公园里坐着发会儿呆。

但没过多久问题就来了，以前工作的时候，由于收入不错，陆芸花钱从来都是大手大脚的，自己也没存下多少积蓄。现在做了全职太太，收入没了，花钱的习惯却没改过来，虽然丈夫每个月会给她生活费，但毕竟不是自己挣来的钱，花起来自然有些拘束。尤其是看着丈夫每天早出晚归地去工作，陆芸哪怕是想去哪里度假或购物，都不好意思开口要钱了，生活反而变得十分困窘……

对所有女人来说，一句“我养你”胜过千万句“我爱你”，确实，任何一个女人听到男人说出“我养你”三个字时，心中的甜蜜与感动都是不言而喻的。但是，女人啊，清醒一点，美好的情话听听就够了。想一想，当你真的失去自己的经济来源之后，当你花的每一分钱都必须伸手去向你的丈夫“讨要”的时候，你真的感到轻松愉快吗？

你要明白，有钱才有闲，只有当你不再为钱烦恼时，你才能成为真正的自由人，才能随心所欲地选择自己想要的生活。为了实现这一目标，我们必须早早开始规划自己的人生，用自己的智慧和努力，让自己真正告别“没钱，没时间”的日子。

麦可·勒巴夫绝对是这方面的典范。他曾在大学商学院担任教授一职，在35岁时，勒巴夫就已经充分认识到了“有钱”和“有闲”的重要性。为了早日告别“没钱，没时间”的生活，他一直积极探索着致富的方法，并将这些方法一一付诸实践，以实现自己有钱又有闲的愿望。最终，在47岁时，勒巴夫成功完成了自己的梦想，过上了梦寐以求的幸福生活，并将自己的经验进行整理，出版了《钱与闲——享受财富人生十大选择》一书。

“如果能像麦可·勒巴夫一样生活，那该有多好！”相信大多数人都会在心中发出这样的感叹。不少人都曾给自己定下过类似的目标，比如到多少岁的时候要积累多少财富，然后光荣退休，享受生活。但真正能够实现这个目标的人为数不多。

那么，麦可·勒巴夫究竟有什么秘诀，可以在仅仅十余年的时间里，就实现财富的积累，彻底告别“没钱，没时间”的生活呢？事实上，在他分享自己成功经验的著作中，我们已经找到了答案。勒巴夫告诉我们，想要让自己有钱又有闲，必须熟练掌握三大技能：

第一，要有足够的赚钱能力，保证有足够的闲钱进行投资；

第二，要有正确的消费观念，懂得消费之道与省钱之道，学会如何充分地享受你所拥有的金钱，杜绝挥霍浪费。要知道，只有把钱花在恰当的地方，才能发挥出金钱的最大价值。不做“月光族”，更不能依靠借贷来维持高品质的生活；

第三，要精通投资之道，坐吃山空是绝对不可取的，你必须懂得让自己手里的资金不断升值，才能保证有钱又有闲；

想要告别“没钱，没时间”的生活，做一个真正有钱有闲的自由人，你就必须熟练掌握这三项技能。

要知道，仅仅依靠存款是无法实现这一生活目标的，因为再多的存款也会有消耗殆尽的一天，我们必须要懂得让手中的财富不断增值，才能真正做到生活无忧，而适合自己的投资理财方式显然正是最好的财富增值途径。但需要注意的是，投资不是赌博，永远不要抱有“孤注一掷”的心态，更不能本末倒置，让投资理财影响到自己正常的生活。

谁能给你安全感——经济独立

“他不但打你，还把外面的女人领回家。你老公完全不在乎你，不尊重你，你为什么还不和他离婚？！”

“你说得轻巧，我都快四十岁的人了，还带着一个儿子，我和他离了婚，谁还要我……”

这是我和一个亲戚的真实对话，暂且称这个亲戚为Y小姐吧。

Y小姐从外形条件上来说，虽算不得非常漂亮，但在人群中也是容易被人注意到的那种——一个清秀温婉的女人。而她的老公，五官尚算清秀，却是一个长得略矮的胖子。单从外形方面来说，Y小姐的老公是绝对配不上她的。但Y小姐家庭条件不是很好，父亲还身有残疾。Y小姐的老公家算得上是小康家庭吧，双方经济条件有差距，不过差距也不是特别大。

当初Y小姐和她老公结婚的时候，家里人并不是很满意，主要还是觉得Y小姐的老公颜值太低。不过那时候Y小姐的老公对她不错，Y小姐自己又坚持，所以Y小姐的父母也就随他们去了。Y小姐的老公家是开饭店的，两个人结婚以后，Y小姐就辞了原本的工作，一心在家带孩子，偶尔也去饭店帮忙，日子过得还算滋润。

直到近几年，Y小姐的老公染上了赌博酗酒的毛病，为了还欠下的赌债，甚至把家里的房子都卖了，Y小姐没少为这事和他吵。吵来吵去，两个人从动嘴发展到了动手……到现在，这场婚姻已经完全成了一出闹剧，Y小姐的老公赌博、酗酒、家暴，甚至还出轨，而青春不在的Y小姐却因为难以再嫁而不愿和他离婚。

真是匪夷所思啊。

事实上，对于Y小姐不愿意放弃这场婚姻，我一度以为是由于爱情，或为了孩子的健康成长之类的理由，因此才试图想要劝解她，但没想到的是，她不离婚，竟只是因为难以“再嫁”，这是我从未想到过的。

在今天，虽然有无数的女人高喊着“妇女能顶半边天”，高呼着“男女平等”，但依然有无数的女人把自己当成了男人的“附属品”，比如我的亲戚Y小姐。如果一场婚姻已经腐烂到了内里，自己走出来一个人好好活又何妨呢？难道找不到人“接盘”，你就得困死在这个腐败的“烂泥塘”中？

俗话说：“做得好，不如嫁得好。”甚至有不少女人会把嫁人称为人生的“第二次投胎”。在她们心中，我们所处的社会依然还是一个男权社会，女人与其勉强自己去拼去闯，不如找一个坚实的臂膀，躲在男人的羽翼之下，她们觉得那里才是最安全的。就像Y小姐，在她的认知里，从未想过自己要坚强，要一个人好好生活，哪怕提及离婚，她想到的依然是，寻找下一个男人做靠山有多难。

醒醒吧！姐妹们，躲在男人的羽翼之下，真的就是你们的毕生追求了吗？确实，在生活的狂风骤雨中，比起自己昂首去迎击暴风雨，有一片遮风挡雨的羽翼固然是轻松的。可你是否想过，这片羽翼真能成为你永远的依靠吗？如果有一天这片羽翼发生了不可抗拒的意外，同你分崩离析了呢？如果有一天，这片羽翼再也不为你张开，而是已经有了新的“别人”

不要让婚姻成为囚笼，
自己为自己打造生活的安全感。

呢？你该怎么办？寻找下一片不靠谱的羽翼？还是低下你高傲的头，跪在地上卑微地祈求？

你的自尊呢？你的骄傲呢？

在遭遇不幸的婚姻之后，很多女人都会选择忍气吞声，有些女人是为了爱情，有些女人是为了孩子，有些女人则是始终心存侥幸，认为一切都会雨过天晴，男人终究会变好，家庭终究能幸福。如果是一次、两次的原谅，或许真的可能是为了爱情，毕竟爱情是难以割舍的，总是容易让人头脑发昏、失去理智。但再深的感情也会有被磨灭的一天，再火热的心也会有变冰冷的一天，真正的爱情是高贵的，绝对不能接受背叛。至于那些口口声声说为了孩子的，相比起一个不完整的幸福家庭来说，难道一个完整却充斥着伤害、冷漠、背叛的家庭会更好吗？

因此，每个女人都该扪心自问，在痛苦与不幸的婚姻折磨中，究竟是什么让你放不开？究竟是什么让你不敢走出这个囚笼，去拥抱全新的生活？

答案其实已经在你们心中了——没有安全感。

很多不敢改变自己人生的人，其实内心都有着同样的担忧：改变了自己，我就能更好吗？如果这条路走不通怎么办？如果我的生活变得更悲惨了怎么办？

而这些担忧归根结底其实都揭示了同一个问题——缺钱。

别觉得谈钱俗，因为咱们都是活在俗世里的人。无数的人都曾告诫过我们，不要把钱看得太重，钱不是万能的，它买不到健康、快乐、幸福、爱情……这是真的吗？

有钱，你可以给自己最好的医疗保障；有钱，你可以买任何你想买的东西；有钱，你可以住温暖的房子，穿漂亮的衣服，吃美味的食物；有钱，你可以毫不犹豫地踹掉身边那个对你不好的男人，勇敢地寻找更合你心意的幸福……金钱不是万能的，但对于没有钱的人来说，金钱可以解决你人生中90%的烦恼。

大多数女人为什么都缺乏安全感？说到底，是因为大多数女人都不能做到真正的独立，不管是在心理上还是在物质上。当你已经习惯在物质上依赖一个男人的时候，你又怎么可能有底气高呼自己人格、心理上的独立呢？

所以，对于现代女性来说，比爱情、婚姻等更重要的，是经济的独立。经济上独立了，你才能给自己足够的安全感，有了足够的安全感，你才不会成为男人的附属品，你也才能勇敢地和一切不幸说再见，勇敢地去寻找新的生活！

逃离
“女性贫民窟”

俗话说：“男怕入错行，女怕嫁错郎。”但在女性也有了拼搏自己事业机会的今天，对于女人来说，“入错行”和“嫁错郎”一样，都是非常可怕的。“嫁错郎”会让你拥有不幸的婚姻，而“入错行”则可能让你财路坎坷，甚至陷入可怕的“女性贫民窟”。

现在提倡男女平等，但很多人对男女平等的认知却存在一定程度上的偏差。比方说我就曾经在一个公司里看到过这样一个场景：

饮水机的水喝完了，需要换桶水，当时办公室里有三位女性职员和一位男性职员在场。其中一位女性职员要喝水，就向那名男性职员求助，让他帮忙换桶水。结果，男性职员拒绝了这位女性职员的要求，并且理直气壮地说：“不是说男女平等吗？那凭什么换水的活儿就要我来做，你以为你是女的就能享受特权啊？”最终，那三位女性职员共同合作换了一桶水。

所谓男女平等，不是说男人做什么，女人就得做什么。如果只是这么肤浅地理解平等的意思，那么女人能生孩子，男人是不是也得生孩子，这样才显示出平等呢？从生理学上来说，不管是身体构造还是心理构造，男女都是有所区别的。比如男性力气普遍比女性大，体质相对也比女性要好。而女性呢，往往在情感方面会比男性更加细腻，耐受力通常也比男性更强。因此，无论工作还是生活，男性与女性根据自身特质的不同，是需要进行合理分工的。

所谓真正的男女平等，并不是说男女非得要做一样的事情，而是说不管男性还是女性，都应该获得同等的机会，无论在地位还是在人格上，都实现平等。

除了男性之外，不少女性对男女平等的认知也同样存在偏差，比如我的朋友——性格极其好强的漂亮女人谢婉婉。

谢婉婉是个非常要强的大女人，无论做什么事情都有一种“巾帼不让须眉”的气魄。在学生时代，同班男生一次能提两桶水，她就非要拼尽全力提三桶。她最常挂在嘴边的一句话就是：“女人怎么了？男人能做到的事情，我们女人一样能做到。”

大学选专业时，谢婉婉不顾家人反对，执意选择了建筑专业，成了班上仅有的三名女同学之一。毕业之后，谢婉婉顺利进入一家建筑公司工作。起初，谢婉婉主要负责一些文职工作，给公司里的建筑师们打打下手，充当他们的“小秘书”。之后，在谢婉婉的强烈要求下，公司开始逐渐让她和其他的男性建筑师一样，接触一些建筑设计工作，以及工地的巡视等等。

随着工作强度的增加，男性与女性身体特质的差异开始逐渐显露出来。黑白颠倒的工作时间打乱了谢婉婉的生理周期，各种问题接踵而至。此外，由于经常需要到工地爬上爬下，搬搬抬抬，谢婉婉的身体也开始不堪重负，她每天都过得疲惫不堪。

虽然好强的谢婉婉从来不喊苦也不喊累，但两年过去了，她在公司得到的评价也仅仅是刚刚能胜任工作罢了，什么升职加薪，基本上都和她无关……

我一直很佩服谢婉婉这样的女性，有着强大的意志力和抗压能力，不管在怎样的困境中，都依然能够潇洒地扛过去。但同时，我也一直替谢婉婉感到可惜，如果她能放弃自己的执拗，选择一个更适合她的行业，那么我相信，她一定能取得比现在更好的成绩。

当然，不管在哪一个行业，建筑也好，IT工程也罢，都不乏一些优秀的女性工作者。但客观地说，与男性相比，女性在体力和脑力上的确是存在差距的，从事这些比较适合男性的行业，想要做出成绩，女性往往要比男性付出更多的艰辛，需要承受的压力也更大。

既然如此，为什么非要勉强自己，而不去选择更加适合自己发展、更能体现出自己优势的行业呢？女人想要证明自己不比男人差，不一定非得闯进不适合自己的行业，这些行业之所以更适合男人而不是女人，并不是因为女人的能力比不上男人，而是因为男人的生理及心理特点更适合从事这些行业罢了。

在选择工作时，女人应该充分了解自己的优势，选择那些能够充分发挥自己特长的职业。据国内外许多研究显示：女性的优势主要集中体现在语言能力、形象思维、交际能力、忍耐能力和管理能力等方面，这些优势也是女性工作者非常重要的职业品质。

根据女性自身的优势，我们一起来看看更适合女人从事的一些行业：

1. 语言能力优势

在成长时期，女孩普遍比男孩更早学会说话，并且随着年龄和知识的增长，在语言驾驭能力方面，女性往往比男性要更为出色。因此，女性从事文字整理、报刊编辑、教育等相关工作时，往往比男性做得更出色。

2. 形象思维能力优势

通常来说，女性的形象思维能力比男性要更强，想象力也更为丰富，因此，诸如服装设计或企业策划等工作，都非常适合女性。

3. 交际能力优势

与男性相比，女性通常更加温顺和蔼、善于观察和倾听、体谅他人。因此，在人际交往方面，女性往往要比男性更具优势。因此，在公关、销售、咨询服务等行业中，女性通常比男性做得更好。

4. 忍耐能力优势

虽然从体质上来说，女性通常比不上男性，但从忍耐能力来看，女性则比男性要占优势。对于单调乏味的工作，女性的忍耐力往往要比男性更强。因此，图书管理、档案管理、资料收集、信息处理等较为枯燥的工作，女性会比男性做得更好。

女怕嫁错郎，更怕入错行。在求职的时候，女性朋友一定要根据自身情况来选择，避免误入“女性贫民窟”，白白浪费自己的时间和精力。

女人的尊严是建立在“钱”上的

“女人的尊严是建立在‘钱’上的。”这句话出自我一位远房表姑之口。

我这位表姑是个精明的生意人，没读过多少书，但头脑灵活，非常会做生意。她通过各种投资和生意，一年赚个百八十万不是什么难事，收入要远比她的丈夫——我那位在国企当领导的表姑父高得多。

尊严和钱，将这二者相提并论似乎显得有些市侩。但接下来，表姑所讲述的她的故事，让我不得不开始认真思考这个问题——女人的尊严与钱之间到底有着怎样的关系。

表姑以前是国企职工，后来企业改制，因为经营不善，越来越不景气，表姑在30岁出头的时候就成了下岗工人。那时候，表姑父已经是个小领导，工资收入还不错。夫妻俩商量之后便决定，让表姑回归家庭，安心做一名全职太太，表姑父负责赚钱养家。

起初，对于这样的分工，表姑感觉还不错，因为没有工作之后，她便有了更多的时间来照顾孩子和丈夫。可是渐渐地，表姑发现，对于家里一些大大小小的事情，表姑父开始不和她商量了，尤其是在收入的开支方面。最离谱的一次，表姑父的侄子买房子，表姑父居然完全没有和表姑商量，就直接把投资的股票卖了，把钱借给了侄子付首付。知道这件事后，表姑和表姑父大吵了一架，两个人开始冷战。

后来，在气头上的表姑父竟然把自己的银行卡密码改了，还停了表姑的信用卡，对表姑实施“经济制裁”……虽然事后表姑父向表姑道了歉，但那件事情一直是表姑心里的一个疙瘩。也正是因为那件事情，表姑突然意识到：一个女人，不管你为家庭付出了多少，如果只能靠着男人挣来的钱生活，就没有任何资格来谈尊严。

后来，表姑虽然没有出去工作，但开始留意各种各样的投资，从最初的基金股票投资，到后来的茶叶买卖生意和化肥买卖生意投资，表姑的投资范围越来越广，收入也越来越高。

如今，表姑在家里拥有着绝对的“权威”，不管是孩子出国留学，还是家里投资置业，最终的决定权都掌握在表姑手里。

有钱未必就意味着有尊严，没钱也未必就一定不能捍卫尊严，但一个女人想要活得体面，想要过得有尊严，就必须得经济独立。你未必需要挣来金山银山，但至少要能养活自己。

很多女人在婚姻关系中之所以处于弱势一方，归根结底，就是因为经济独立。试想一下，如果你有稳定的收入来源，可以保障你的生活，那么当你遭到别人伤害与背叛的时候，你还有什么理由要苦苦忍受、默默流泪呢？很多女人无法下定决心离开一个男人，通常都不是因为爱，而是因为经济不能独立。

我的一个朋友，长得非常漂亮，大学时候是系花，一毕业就结了婚，嫁给了他们班上的一个富二代，做了阔太太，当时不知羡煞多少女同学。有一天，另一个朋友无意中撞见系花朋友的老公在外面和别的女人搂搂抱抱，告诉她之后，我的朋友却表现得非常淡然，只无所谓地说了一句：“男人在外面逢场作戏很正常，没什么大不了。”

在私底下，另一个朋友告诉我，这种事情已经不是第一次遇到了。以前系花朋友因为这种事情在家里闹过一次，可没想到，她婆婆不仅没有指责她老公，居然还反过来劝她说："多少女人羡慕你能嫁个会赚钱的好老公，你看看你现在，什么都不用做，就可以穿金戴银，比你那些朋友同学过得都好。既然享受了优厚的生活，那有的事情就应该学会有点气量。这男人在外头不过是逢场作戏，只要知道回家不就行了？还是说你就那么想把这个家闹得鸡犬不宁，闹到去离婚啊？"

系花朋友说，她也想过离婚，但舍不得孩子。她一毕业就结婚生子，做了全职太太，根本就没工作过，即使现在出去找工作，恐怕也挣不了几个钱。要是离婚了，单从经济条件上来说，她想和丈夫争孩子的抚养权就是不可能的。

俗话说："吃人嘴短，拿人手软。"当你从别人那里得了好处的时候，不管做什么，自然都得看别人的脸色了。

很多夫妻吵架的时候，男人最常挂在嘴边的一句话就是："我天天在外面工作，还不是为了养活这个家……"这句话的潜台词就是，我都出钱来养家了，那其他事情不就应该你做吗？你照顾孩子天经地义，你做家务天经地义，你照看父母老人天经地义，你体谅我对家庭及对你的疏忽，同样天经地义！

经济独立重要吗？当然重要了！否则那么多"赚钱养家"的男人怎么能这么有底气地"忙"于工作，然后把家里大大小小的事情都丢给女人去做，还没有一点感谢的意思呢？是因为男人太没良心吗？很多女人都不明白，为什么自己放弃事业，为家庭牺牲一切，到头来不仅得不到男人的感谢，反而处处都低他一等呢？

在这个社会，人人都知道，钱虽然不是万能的，但没有钱却是万万不能的。钱不能给你买来幸福和健康，但没有钱，你却可能连活都活不下去。所以，为了家庭放弃事业、放弃工作的女人们啊，好好想一想，当你把自己的经济命脉都放到别人手里的时候，对方怎么可能不有恃无恐呢？

女人的尊严是建立在经济独立的基础上的。想要做一个有尊严的女人，想要被男人尊重，首先要做到的一点就是经济独立。只有当你在任何情况下，都能做到有底气地转身就走，离了任何人，也能让自己活得体体面面，你才能生活得更自如。

金钱面前，没必要“装清高”

要说这个世界上，有什么东西几乎是每个人都喜欢的，那恐怕就是钱了。每个人都有不同的爱好，有人喜欢美味的食物，有人喜欢漂亮的衣服，有人喜欢闪闪发光的饰品……但不管你喜欢什么，这些东西都是用钱可以买到的，所以，谁会讨厌钱呢？

有趣的是，明明金钱这么讨人喜欢，可人们总是把对金钱的喜爱和向往藏起来，对金钱表现得不屑一顾，似乎只有这样才能显露出自己“高尚的情操”。毕竟谁都不想成为别人眼中那种“贪财的人”。

其实好好想想，喜欢钱有什么错呢？古代的圣人们也说了：“君子爱财，取之有道。”爱财不是件丢人的事儿，重要的是，这财你是怎么得来的。只要你不偷、不抢、不骗，也没有出卖自己的肉体或灵魂，那么你追求财富，你爱自己辛辛苦苦赚来的血汗钱，这又有什么不对呢？

你想衣食无忧，你想过高品质的生活，你想为父母尽孝，让他们不再操劳，你想为孩子提供最好的生活条件，让他们看到更广阔的世界……这些都要建立在一定的经济基础上。没有钱，空有一颗孝顺的心，空有一份深沉的爱，那些事情你都无法做到。所以，爱钱不是错，你可以爱钱，并且应该尊重每一分能够让你的生活变得更好的钱。

那些喜欢在钱面前“装清高”，或者是“真清高”的人，通常对

"钱"的认知和理解都是存在偏差的。或者说，他们根本就是没有感受过"人间疾苦"，不知道钱到底有多重要。

在前半生，安妮就是个不懂人间疾苦的大小姐。安妮的父母都是生意人，平时非常忙，为了弥补对女儿的亏欠，他们在生活费方面对安妮一直非常大方。

从学生时代开始，安妮就是那种车接车送、提着几万块名牌包包上学的大小姐。但安妮总是觉得不开心，她常常挂在嘴边的一句话就是："我根本不在乎钱，他们根本不明白，我缺的到底是什么！"

大学毕业之后，安妮的父亲给她安排了一份非常好的工作——一家外企，待遇十分优厚。但那家企业不在本地，而当时安妮和男朋友处于热恋期，正是难分难舍的时候。

安妮的男朋友是搞音乐的，已经毕业一年多，为了追求音乐梦想，一直都没有稳定的工作。安妮的父母一直反对他们交往，认为安妮的男朋友不够脚踏实地，根本给不了安妮幸福。

那个时候，安妮觉得父母总和她谈钱，实在太俗了，爱情怎么能和金钱扯到一起呢？带着这样的思想，安妮不仅拒绝了那份工作，还一气之下不顾父母反对从家里搬了出来，和男友同居了。

一开始，安妮觉得很幸福、很满足，虽然没有名牌包包，出门没有车接车送，但是她拥有爱情，拥有爱着她的男朋友。不久之后，安妮怀孕了，从那之后，她才深刻体会到，没有钱的生活到底有多么艰辛。

离开家之后，安妮一直都没有和父母联系，也不好意思再去伸手向父母要钱，她找了一份很普通的文员工作，工资也就两千多块钱。男朋友为了做音乐，一直没有固定工作，只偶尔接一些演出，两个人的生活保障主要就是依靠安妮微薄的工资。

安妮怀孕之后，每天依旧得挤公交上下班。男朋友一直没什么长进，除了好听的情话，几乎不能再给安妮任何东西。现在的她穿着几十块钱的T恤，提着超市的购物袋，每天周旋在柴米油盐之中，连生病都担惊受怕，每天烦恼着未来如何养育孩子……直到这个时候，安妮才发现，原来生活就是这么俗，处处都离不开钱。

是的，我们生活在凡尘俗世，过的不就是凡俗日子么？生活是离不开钱的，爱情与面包不是一个二选一的问题，没有面包作为基础，我们拿什么去谈爱情？再好听的情话，在饥饿时也不能让你填饱肚子。

谈钱俗吗？不，谈钱是件很现实的事情。爱情、理想、未来，一切都是建立在经济基础上的。当你的生活因缺少钱而陷入窘境之中时，哪里还有精力再去谈爱情、理想和未来啊！

那些对金钱总是表现得不屑一顾的女人，真的享受清贫而拮据的生活吗？怎么可能！谁不想过上衣食无忧的富足日子？谁不想拥有高品质的生活？谁不想随心所欲地去买自己想要的东西，做自己想做的事情？而要实现这一切，你就必须得有钱。那些嘴上对钱不屑一顾的人，要么就是太有钱，根本不把钱当回事；要么就是想要却挣不到钱，还在汲汲努力地生活。

女人啊，别在金钱面前“装清高”了，如果你总表现得对钱不屑一顾，如果你总是传达出拒绝金钱的态度，那么当别人有赚钱的机会时，自然也不会和你分享；当别人有赚钱的路子时，自然也不会找你合作。久而久之，“不食人间烟火”的人，大概就真的“食”不起“人间烟火”了！

爱财不是一种罪，赶紧摆脱那些幼稚的想法，卸下清高的伪装吧。只要对得起自己的良心，靠的是勤劳的双手和智慧赚来的钱，每一分都值得我们去爱、去骄傲！当然，我们也要明白，爱财不等于拜金，无论何时，我们都必须对金钱有着清醒的认识。金钱是一种重要的工具，它能让我们的生活变得更好，帮助我们创造更值得期待的未来，但工具就该掌控在我们自己手中，而不应让它凌驾于我们之上！

没有钱，拿什么谈梦想

有段时间，网络上有句话特别流行："生活不止眼前的苟且，还有诗和远方。"这话一出，让不少年轻人热血沸腾，大家开始纷纷谈理想、谈情怀，却忘了如果连眼前的苟且都顾不上，又如何去追求诗和远方。

在这种"诗和远方"的情怀影响下，我亲戚家一个刚大学毕业的小侄女把家里安排的工作辞了，说是要去看看外面的世界，追寻自己生命中的"诗和远方"。这事一出，亲戚家顿时乱成了一锅粥。后来，亲戚带着小侄女来了我家，让我和这个一心追求诗和远方的年轻小姑娘聊一聊。于是，我给这个小侄女讲了我两个朋友的故事。

第一个朋友叫方晴，是个兼职编辑。

方晴的梦想是成为一名自由作家。她总说，只要拥有一张纸和一支笔，她就能拥有整个世界。大学毕业之后，方晴就开始了她的投稿之路，为了专心创作，她一直没有固定工作，生活费主要还是靠着家里的"支援"。

后来，为了维持生计，也不好意思再继续给年迈的父母添麻烦，方晴便在一家公司做了兼职编辑，一边干着兼职一边继续追逐自己的作家梦。到现在，方晴已经毕业五年了，和她同一年毕业的同学、朋友，不少都已经结婚生子，并在自己的工作岗位上做出了不错的成绩，升职的升职，加薪的加薪。而方晴呢？由于做的是兼职，基本上没有什么升职加薪的空间。至于她的作家之路，因为在兼职上花费了太多的时间和精力，实际上已经很久都没有什么作品。

第二个朋友叫琳娜，自己创业，做的是现在正火的外卖OTO业务。

琳娜是学设计的，人很聪明又非常勤奋，之前在一家外企工作，几年打拼下来，在业内也算是小有名气，并成功跨入了年薪百万的门槛。但琳娜的梦想是拥有一家自己的公司。前阵子，在几个朋友的邀约下，琳娜果断辞掉了这份人人羡慕的工作，开始创业，做的就是外卖OTO业务。

不久前，我见过琳娜一次，她滔滔不绝地和我说她现在的工作多么有意思，一天能派送出多少份外卖。当我问她赚了多少钱的时候，她笑着告诉我，现在还是起步阶段，别看忙得上气不接下气，但还没见到“回头钱”。

临告别之前，我感叹地问她：“当初怎么就这么果敢，说辞职就辞职，难道不怕创业失败，最后一无所有吗？”琳娜却无所谓地笑笑，说了一句：“失败就失败呗，大不了我再回去做原来的工作，老实说，等着请我的人可不少！”

每个人都有梦想，梦想就是我们的“诗和远方”。很多人都以为，追求梦想，靠的是勇气和坚持。但在这里，我想告诉你，追求梦想之前，必须先解决温饱问题。

别急着否认，仔细想一想，勇气和坚持是怎么产生的？真的只来源于你的意志力吗？试想一下，当你已经食不果腹，当你连明天的午饭都没有着落的时候，勇气和坚持从何而来？当老母亲卧病在床你却出不起医药费，当孩子嗷嗷待哺你却连奶粉都买不起，你怎么有勇气去坚持？生活是现实而残酷的，那些能够勇敢追求梦想的人，那些屡屡遭遇挫折还继续选

先保证基本生活，
再尽情地去追求
心中的“诗和远方”。

择坚持梦想的人，都是因为已经保证了基本生活啊！

世界那么大，你想去看看。你说生活不止眼前的苟且，还有诗和远方，但如果连眼前的苟且生活你都无法保证，你又怎么好意思再去谈诗和远方？记住：能够任性的人，都是有资本的人。

每个人都应该明白，金钱是实现一切梦想的基础和前提。不管你有多么远大的理想，不管你有多么崇高的追求，如果不能先让基础生活得到充分的保障，那么这些理想和追求永远只能存在你的想象之中，不可能成为现实。

就像方晴，她的梦想是成为一名作家，但为了维持生计，她不得不去做兼职。在创作之前，她必须得确保自己有钱交房租，有钱交水电费，有钱吃饭，有钱看病……人的精力是有限的，当她为了生活苦苦挣扎打拼时，哪里还有精力再去搞创作啊！试想一下，如果方晴转换一下思维，在追寻梦想之前，先打好经济基础，还会活得这么辛苦吗？

年薪百万的琳娜为什么敢于辞掉工作去创业？与其说她比别人更有追求梦想的勇气，不如说她比别人更有追求梦想的底气！正如琳娜所言，即便创业失败，她也可以继续做回自己以前的工作，她的能力、经验放在那里，那些都是她的资本，她有赚钱的能力。因为有这些资本，有赚钱的能力，无论遭遇怎样的困境，琳娜永远都有撤退的后路。所以，即便前途未卜，即便前方有着未知的危险，琳娜也不曾退缩，因为她知道，自己的生活是有保障的，她随时都能赚到钱。

金钱最迷人的地方不在于它本身具有怎样的价值，而在于它能让人变得更勇敢、更坚强。一个人有钱和没钱最大的差别不在于过着怎样的生活，而在于是否有底气对自己不想要的人生说“不”。

亲爱的，请记住：钱不是阻碍你实现梦想的敌人，而是帮助你靠近梦想的阶梯；钱不是阻碍你找到爱情的凶手，而是帮助你保卫爱情的围墙。钱可以帮你解决生活中90%以上的烦恼，可以让你活得体面、过得安稳，可以让你更靠近理想，更有勇气追寻自己想要的东西！

所以，女人啊，别以为谈钱比谈梦想俗气。人生是需要规划的，拿出点精力和时间，好好想想，怎么去挣钱。等你物资充足的时候，你会发现，原来美梦成真就是这么简单。

治愈你的“金钱恐惧症”

女人恐怕是这个世界上最能胡思乱想的生物了。女人丢失一颗纽扣，甚至都可能联想到世界末日；你忘记和她打招呼，下一秒她甚至就可能认为你要和她绝交。

之前有人写过一篇非常有趣的文章，对比男人和女人“脑回路”的不同。文章以日记的形式展开，首先是女人的日记，女人在日记中写道，男朋友今天无精打采的，似乎有什么事情让他不高兴。然后便是各种各样的联想，最终得出的结论是：他可能出轨了，不爱我了。

而男人在同一天的一篇日记里只写了一句话：“真郁闷，意大利居然输了！”

是的，这就是女人，总会想到各种各样的“灾难”，总认为事情会越来越坏。归根结底，女人之所以拥有如此神奇的“脑回路”，主要是因为安全感的缺失。

安全感几乎是每个女人穷尽一生都在追求的东西，大概是上帝造人的时候忘记把它添加到女人的大脑中了吧。女人的担心来自于方方面面，比如担心自己嫁不出去，担心以后没能力养活自己，担心年纪大了没有人照顾，担心挣钱太少而被别人看不起……

虽然女人确实喜欢胡思乱想，但不得不说，这些女人的恐惧和担忧，有些也确实是生活中实实在在存在着的问题。而这些恐惧和担忧，归结起来，无外乎一个“钱”字。

如果注意观察，你会发现，在现实生活中，女人普遍比男人更喜欢存钱。但正因为有着对金钱的恐惧和担忧，女人在支配金钱方面，往往也要比男人保守得多，她们更害怕承担失去金钱的风险。

刘莎就是一个对金钱怀有恐惧和担忧心理的女人。

刘莎和丈夫都在外企上班，两个人收入都不低。除去平时的日常开销，夫妻俩还能剩下不少存款，刘莎的丈夫便想把这些闲钱拿去做投资，买点股票、基金什么的，反正闲钱放着也是放着。可每次丈夫提出这个想法，刘莎都表示坚决反对，非要把闲钱都安安稳稳地放到银行存着。夫妻俩没少因为这件事情起争执。

刘莎的丈夫一直不明白，为什么妻子这么害怕投资。按理说，他们俩今年都才三十出头，正是打拼赚钱的黄金年纪，就算投资失利真亏了，还有机会再赚回来啊。直到后来，丈夫从岳母口中听说了一件刘莎小时候的事情，才明白了原因。

那是刘莎10岁时发生的事情。那个时候，刘莎家里比较穷，一家人生活得比较拮据。那一年过年的时候，刘莎的父亲得到了一笔意外的奖金，全家人都非常高兴。父亲给了刘莎100元钱，让她出去买只烤鸭，再买点酱牛肉回来，大家好好过个年。

刘莎非常高兴，拿着钱开开心心地出去了。熟食店离她家并不远，就隔了两条街。可没想到的是，刘莎走到熟食店时，一掏口袋，发现钱不见了。要知道，那个时候的100元钱可不是一笔小数目，都够全家人生活一个月了！刘莎慌慌忙忙地顺着路找回去，可找了几次都一无所获。

那天，刘莎是哭着回家的，虽然没有人因此责怪她，但自从那件事情之后，在很长一段时间里，刘莎都不愿意再在口袋里装钱，她总担心自己会把钱弄丢。

很显然，刘莎对于投资的恐惧，和小时候丢钱这件事有着莫大的关系。对于刘莎来说，丢钱这件事一直是她心中挥之不去的阴影，她总认为，自己一定会重蹈覆辙，会再一次把钱弄丢。正是这种担忧和恐惧，让她没有办法理性地支配、管理金钱，只能选择她认为最稳妥地保管金钱的方法——存入银行。

你想赢得一场战争，首先得有勇气走上战场。同样，你想要获得财富，首先就得有勇气去支配、掌控金钱。好好检视一下自己，你对金钱有恐惧和担忧吗？你是否像刘莎一样，缺乏自信，总认为自己无法掌控金钱，无法做好投资？把你恐惧和担忧的一切事情都写下来，你必须正视你的内心，正视你的恐惧和担忧。心理学家指出，克服恐惧和担忧最好的方法就是坦然地接受它，并将它说出来。当你能够把自己一直恐惧和担忧的事情坦然说出来之后，你就会发现，一切并不是那么可怕。

对金钱缺乏安全感的女人们，让我们给自己树立起信心，因为只有相信自己有足够的力量掌管金钱的时候，我们才能成为金钱的主人。从这一刻开始，把一切的旧思维都丢掉，试着用全新的观念来代替那些总是让我们产生恐惧的思维习惯。

首先，尽可能以最简短而有力的语言对自己说："我所拥有的钱比我所需要的更多"，"我年轻，聪明，有能力，只要我想，我可以掌控、支配更多的金钱"，"我一点也不担忧手里的钱会减少或不见"……

其次，写下你的信念，从现在开始，转变你对金钱的态度。在写的时候，一定要记得用现在时态来写，因为你要改变的，正是这一刻的金钱观念，不是过去，更不是将来的某一天。请写下："我可以掌控属于我的一切金钱”，“我有足够的挣钱能力，根本不需担心我的未来”……你必须发自内心地相信，这就是你的真心话。

最后，让这些全新的、充满自信的新金钱观念成为你的信念。当你能够自信满满地面对金钱，当你不再恐惧和担忧那些尚未发生的未来时，相信你一定能够轻松踏上投资理财之路，活得越来越幸福。

投资要诀——先求稳，再求好

人人都想做富翁，但成为富翁可不是件容易的事。美国投资银行美林公司和凯捷咨询公司曾共同做过一项调查，并发表了“2010年亚太地区财富报告”。据统计，从2008年底一直到该报告发布时，韩国地区拥有100万美元以上金融资产的大约有99000人。而同年，韩国地区的适龄就业人口则为2400万人。也就是说，在韩国，拥有100万美元以上金融资产的有钱人还不到适龄就业人口总数的0.4%。

就以100万美元作为“富人门槛”，即便是月收入人民币过万的高收入工薪阶层，想要踏入这个门槛，就算不吃不喝地工作，至少也得50年才能拥有这笔钱。可见，工薪族想单纯依靠工资收入成为有钱人，那绝对有一条相当长远的道路要走。

这笔账，徐璐也是算过好几次的。她很清楚，作为一名普通的工薪族，想要跨入富人门槛，就必须学会投资理财，让钱生钱。

徐璐是一名会计，对投资方面的事情一直非常感兴趣。一直以来，家里的账目都是由徐璐一手管理的，包括投资理财方面的事情。徐璐的丈夫是某企业的部门经理，年收入能达到20万元以上，也算得上是“小中产”了。

徐璐酷爱投资，什么基金、股票、黄金、白银，就没有徐璐没碰过的。徐璐很清楚，虽然丈夫收入不低，但想要真正跨入富人的门槛，单单依靠工资几乎是不可能的，想要变成有钱人，还是得靠投资。

不久之前，徐璐迷上了艺术品收藏，她发现做艺术品收藏的收益是相当惊人的，你花几千块钱买的一个看似普通的艺术品，一旦作者红了，立马就能翻上好几倍，甚至好几十倍、好几百倍都有可能。换言之，艺术品收藏，只要你押对一次宝，立马就能让你“一夜暴富”。

一次机缘巧合，徐璐从一个做艺术品买卖的朋友那里得知，国外有个大商人正准备赞助一个新锐画家举办一场空前盛大的画展，只要那场画展举办成功，这个新锐画家的身价必然会大涨。得到消息之后，徐璐心一横，把能够快速兑现的债券都卖了出去，加上银行的存款，购入了好几幅这个画家的油画，美滋滋地坐等其升值。

可没想到的是，就在这个时候，徐璐的公公突然生病住院，急需动手术，光是手术费就需要好几万，而那个画家的画展却迟迟没有举办。手里没有现钱，手里的油画一时之间又难以卖出，徐璐这回真是慌了神。

最后，无奈之下，徐璐的老公四处东拼西凑，才勉勉强强凑够了父亲的手术费。那件事之后，徐璐的财务大权也被丈夫果断“收回”了。

客观地说，徐璐家的总收入水平并不算低，如果徐璐没有被“发财梦”冲昏头脑，进行这种赌博式的投资，那么依照家庭收入水平来说，徐璐家抵御风险的能力应该是相当强的，根本不至于为这区区几万块手术费而发愁。可见，不管是投资还是理财，求稳绝对是必须遵守的第一法则。

投资不是赌博，不能抱着“赌徒心态”去做。只有稳健的投资，才能为我们带来长久的收益。而要做到投资稳健，有三个准则是必须记牢的：

第一，用闲置的资金进行投资，这样即便有所亏损，也不会影响到你正常的生活开销；

第二，投资时坚决不做过量交易，准备三倍以上的资金应付投资波动，以便灵活应对投资成败的各种情况；

第三，保持自律，决不贪心。

做到以上这三点，在投资理财中，我们才能从容地应对各种突发情况。在进行投资理财时，从稳妥投资的原则出发，通常可以考虑组合投资的策略。比方说，可以将个人财富的30%用于储蓄，以备不时之需；20%则用于购买股票，以获得更高的收益；20%用于投资基金或者债券，风险相对较小，收益也比较可观；20%用于实物投资，等待增值；最后10%则用于购买保险，为生活多增添一重保障。这种组合形式就是组合投资中最经典的“32221”组合。

像徐璐所进行的艺术品投资，其实就是其中的实物投资。虽然这项投资看似收益非常可观，但风险也很大。最重要的是，诸如此类的实物投资，变现是非常不方便的，且市场价格波动较大。如果在该项投资上投入太多资金，一旦发生意外，急需用钱的时候，就真的只能“干瞪眼”了。所以做投资一定要记住，稳健才是关键，必须先求稳，再求好。

在这里，我和大家一起分享投资的三把“万能钥匙”。你若能合理地运用这三把“钥匙”，长久的投资收益自然手到擒来。

第一把钥匙：价值投资

投资的关键在于物有所值，因为任何一件东西都是有内在价值的。在做投资的时候，应根据东西的内在价值进行判断，不要被其表象所迷惑。比如有一段时间，普洱茶被市场“炒”得非常热，频频出现“天价茶”的新闻，但实际上，这些茶本身的实际价值没有那么高。一旦潽洱茶市场冷却下来，那些花高价投资普洱茶的人，就只能落得个血本无归的下场。

第二把钥匙：分散投资

这是所有理财专家一直都在强调的一点。不同的投资有不同的风险，有的时候这些风险恰好是能够互相抵消的。如果你把所有的资金都押在一个投资项目上，一旦这个投资项目出现任何闪失，随时可能让你血本无归。但假如你把资金分散开进行投资，即使一边失利，另一边也可能会有收益，这就在无形中降低了投资风险。

第三把钥匙：长期投资

再强调一次，投资不是赌博。赌博可能让你一夜暴富，也可能让你朝夕之间一贫如洗。做投资需要耐心，很多投资品的价值往往要经过一段较长的时期才能显现出来。如果只是一味地跟风、追热点，到最后你可能赚不到钱。

以钱生钱：工薪族女神的致富经

在这个世界上，越是有钱的人，想赚钱就越发容易。钱是有自我复制能力的，当你拥有的钱越多时，你所能得到的赚钱机会也就会越多。

举个例子，我们来看看没钱的A小姐和有钱的B小姐分别能够通过什么样的途径来赚10万元钱：

先看A小姐，假设她每月工资收入有3000元，省吃俭用，一个月能存下2000元。如果仅仅依靠工资收入，那么她需要50个月的时间才能存够10万元。

再看B小姐，B小姐很有钱，她认识的一个商人因为某个生意急需500万周转资金，于是该商人便向B小姐借钱，并承诺给B小姐2分月息，一个月后本息一起还清，共计510万元。一个月后，10万元轻松到手。

赚的是同样的10万元，但没钱的A小姐却要比有钱的B小姐付出更多的努力和时间。或许你会说，是因为B小姐运气好，正巧有这么个认识的人需要一笔钱救急，于是肯出高息向她借钱。可问题是，即便A小姐也运气好，遇着这么个需要钱的人，她也没钱往外借啊！可见，财富总是更容易向有钱人靠拢，你越是有钱，赚钱也就越容易，因为钱是能够“生”钱的。

作为普通的工薪阶层，我们大多数人的境况其实都和A小姐差不多，没有多少存款，工资收入也不高，即使省吃俭用，想赚到人生的第一个10万也不是件容易的事情。但有钱的B小姐可以用钱来“生”钱，那没钱的A小姐是不是也可以考虑用钱来“生”钱，以加快自己的财富累积速度呢？

我们可以设想一下，假如除了工资收入之外，A小姐同时也在进行一些投资，假设投资收益率为每年10%，那么大概只需要两年多，A小姐就能赚到10万元了。这让她的财富累积速度加快了近一倍！

这其实就是投资理财的魅力，以钱生钱，就好像滚雪球一样。哪怕你只是一个普通的工薪族，当你的资本累积到一定规模时，不需要花费太大的力气，你也可以让自己变成有钱人。

考虑到工薪阶层的收入特点，理财专家为工薪族的女神们提出了一些务实的理财建议。只要遵循这些建议，相信各位工薪族女神一定能向着财富之路大步迈进。

1. 树立健康的投资理财观念

投资理财是一种生活态度，会伴随我们一生。当我们下定决心要开始做投资理财时，我们要培养的，不仅仅是一项技能，而是一种生活的态度和习惯。我们应该明白，投资理财不是一两个月就能看到效果的投机生意，它通常需要较长的时间来进行规划和实践。虽然在短时间内，你几乎看不出它有任何效果，但请相信，坚持下去，你的人生将因此而改变。

2. 设定理财目标

当你下定决心要改变自己的人生，开始踏上理财之路的时候，先给自己设定一个明确的理财目标。每个人或每个家庭对于理财的期望和目标都是不一样的，你必须先根据自己的实际情况，明确自己想要达成一个怎样的目标，然后再有计划、有方向地去执行。就像旅行，你必须先明确自己的目的地，才能知道该朝什么方向走。

3. 强制储蓄

理财是从储蓄开始的，尤其对于工薪一族而言，储蓄无疑是汇聚财富最有效的手段。从现在开始，不管你每个月能赚多少钱，都拿出一部分进行储蓄，比如工资的20%。你必须承诺，决不轻易动用这笔钱。一段时间之后，你会发现，自己开始告别“月光”生活，并拥有了一笔可观的财富。而这笔财富就是你的第一笔理财资金。

4. 培养理智的消费习惯

工薪族的收入是非常有限的，因此，你必须将每一分钱都利用好，让它们发挥出最大的价值。而要做到这一点，你就得学会记账，这能帮助你更好地审视并修正自己的消费习惯。

记账一定要详细，哪怕一块几毛的钱，也绝对不能忽略。不要小看这些生活里的小钱，很多时候你的财务状况之所以不理想，往往就是因为忽略了这些小钱造成的。

5. 节流就是赚钱

累积财富不外乎就是两个办法，开源和节流。开源不是每个人都能做到的，但节流可以。不妨试试如何让生活更加节俭，你省下的每一分钱，都是你付出努力赚来的，日积月累，这些小钱终将“聚沙成塔”，为你的财富“大厦”添砖加瓦。

6. 储备应急不可少

在进行资金安排时，无论何时，一定要给自己预留一笔储备应急金，这样才不至于在遇到突发状况需要钱时，无奈动用到自己的定期存款或投资资金，造成利息或收益的损失。

7. 正确认识投资风险

任何投资都是有风险的，而高收益往往也都伴随着高风险。在投资市场上，如果总是一味躲避风险，那么必然会阻碍财富增值；相反，如果总是盯着高收益而不考虑风险，又可能会赔得一塌糊涂。因此，要做好投资，就一定要对风险有正确的认识，懂得管理、控制投资风险，这样才能在尽可能保本的前提下实现财富增值。

8. 不要迷信专家

对于投资新手来说，在投资理财方面，适当咨询一下相关专家的意见是非常必要的。毕竟专家经验丰富，信息充足，能为你提供不少帮助。但需要注意的是，专家的意见仅仅是一个参考，不要过分迷信专家。自己的实际情况只有自己最清楚，专家只能给予你一些大方向上的指引，真正作出决定的人，始终是你自己。

“省”财有道：

节约 1 分钱，就是赚了 1 分钱

世界上赚钱最快、风险最小，而且还最不费力气的方法是什么？答案很简单——省钱。

在日常消费中，你所省下的每一分钱，都是你赚来的财富。俗话说“聚沙成塔，积少成多”，财富的积累同样如此，那些从你指缝间滑落的每一分钱，其实都是堆砌你财富“高塔”的“沙子”。

要牢记——财都是“省”出来的，你若看不上小钱，那么大财富也不会看上你！

旅游，谁说不能花得少、玩得好

“再过阵子就是洛阳牡丹花会了，正好有个小假期，我打算去洛阳看牡丹，感受感受杨贵妃式的雍容华贵，有没有人一起去呀？”

一大早刚进办公室，蔡小妞就兴致勃勃地嚷嚷开了。同事们都羡慕地看着蔡小妞，这小妮子，上个月才刚去了云南丽江，上上个月去了海南三亚，现在居然又开始策划新的旅行了，真是有钱人啊！

“小妞，你是不是一个隐形‘富二代’啊？你就直说了吧，咱也不会贪你便宜不是！”同事小李子终于忍不住凑了过去，两眼放光地看着蔡小妞。

看着同事们一个个“羡慕嫉妒恨”的眼神，蔡小妞得意地扬起下巴说道：“我就一平头小老百姓，跟你们一样一样的！只是，这旅行嘛，谁说不能花得少又玩得好呢？你们这些人，都out啦，告诉你们，现在啊，流行——穷游！”

穷游，顾名思义，指的就是用很省钱的方式旅游。

近些年，旅游已经成为最受都市人欢迎的假日生活方式。在来之不易的假期，带着家人，约上朋友，一起到未曾去过的地方走走看看，既能放松身心，又能增长见识，其乐无穷。可是，巨额的旅游费用让人难以承受，短短数天的美好假期，消耗掉很多辛辛苦苦攒下的血汗钱，这笔“买卖”怎么想都不划算！怎么办呢？穷游就这样应运而生了。

为了出去旅游，也为了能以更少的钱踏遍更多的地方，许多聪明的旅游者们根据自己的经验，总结出了不少省钱的旅游小窍门，让每一个假期都能以极少的钱，享受到高性价比的旅游乐趣。现在，就让我们一起来看看，如何才能进行一场乐趣多多的高性价比“穷游”吧！

窍门一：淡季、新线，别样选择也有别样乐趣

绝大多数的旅游区都有旺季和淡季之分。在旺季，游客相对较多，旅游区资源和服务通常会因供不应求而价格上涨，尤其是在节假日期间。而在淡季，由于游客较少，不论是交通、住宿还是吃的、玩的，通常都会比旺季便宜得多。因此，如果你的时间比较自由，不妨选择在旅游淡季出行，这样不仅能够避开“人挤人”的窘境，享受悠闲轻松的旅途，而且还能节省不少费用。

当然，并非所有旅游区都能淡季出行，比如蔡小妞想去的洛阳牡丹花会，总得赶在牡丹花开的时节吧，所以，如果你选择的旅游目的地有较强的季节性要求，那就只能再从其他方面去省钱啦。

如果在时间上你没有办法作出调整，那么不妨避开热线旅游区，选择一些新开发的旅游新线。这就需要我们有意识地多多关注这方面的信息。

窍门二：能省会玩，网络帮你做到统筹兼顾

热衷于穷游的旅行者们都有一个共同特点，那就是会提前利用网络安排好一切旅游相关事宜，比如预订车票、旅馆，甚至景区门票等等。

在确定了出游时间和出行地点之后，不妨提前预订好车票、旅馆及打算前往的景区门票，提前预订的好处主要有三点：第一，确保行程安排不出问题，避免临时出现“买不到票”的情况；第二，通过不少相关网站进

做好旅行规划，

快乐出游不一定就要“穷游”。

行提前预订，通常都会得到可观的优惠；第三，便于制订旅游计划，安排时间。

需要注意的是，如果你的旅游目的地不止一个，并且恰巧其间的车程在6小时以上，那么可以考虑选择夜里的车次，这样不仅能够节省下一晚的住宿费用，还能让玩乐的时间更充足。

窍门三：景区商品慎重选择，不要总花冤枉钱

在传统的旅游观念中，人们总喜欢在旅景区购买一些纪念品作为馈赠亲友的礼物，或作为此次旅游的纪念。但实际上，很多旅游景区所贩卖的纪念品价格都比市价要高，甚至可能混有大量伪劣产品，并且其中很多东西在别的地方也很容易就能买到。因此，在旅游景区，还是尽量少买东西。

当然，如果你打算带礼物或纪念品回去，那么不妨多跑跑当地市场，多逛逛当地的夜市。这样，既能买到物美价廉的好东西，又能感受不同地方的“夜市”文化，体会当地的人文风情。而且，那些真正具有地方特色的土特产比旅游景区昂贵的纪念品有价值得多。

窍门四：远离大饭店，来份价廉物美的特色小吃

吃，绝对是旅游的一大组成部分。我们不远千里到达一个陌生的地方，除了看看风景，体会体会人文风情之外，最大的乐趣大概就是尝一尝当地的特色小吃。

在饮食安排方面，与其盯着费用高昂的大酒店、大饭店，不如上网寻找一下当地有名的街边小店，这些小店里不仅有着地地道道的本地口味，并且经济实惠，比高档的大酒店、大饭店要便宜得多。

此外，尽量避免在旅游景区吃饭，通常来说，景区的食物总是又贵又难吃的，不如自己备些干粮，等离开景区，到了当地居民常住的街区之

后，再去寻找令人垂涎的地方美食。

窍门五：结伴出游更合算

如果能约到一起出游的伙伴，那是再好不过的事情了，你们可以一起疯玩，一起品尝美食，还能一起分摊房费、车费。这样不仅玩得开心，还能省下一大笔费用。

此外，到某些较远的地方旅行，比如西藏、青海、新疆等，结伴出游不仅更容易解决交通问题，还能确保自己的人身安全。但需要注意的是，现在网络上非常流行网友相约结伴旅行，在参加这种活动时，一定要注意自己的人身安全，尤其是女性。正所谓“害人之心不可有，防人之心不可无”，不要为了一时的新鲜刺激而忽视自己的生命财产安全。

来个大清算，看你在白白供养谁

某论坛开展了一项针对年轻人的网络投票：

请用四个字来形容一下你当前的财务状况，你是哪一种？（可多选）财大气粗，小幸福ing，平民百姓，时好时坏，捉襟见肘，一贫如洗，揭不开锅，财政崩溃，经济危机，破产重组，穷困潦倒，等待支援，穷啊穷啊……

据论坛统计，参加该投票的一共有三万余人，而在这些人中，有半数以上都同时选择了“等待支援”和“穷啊穷啊”。此外，在众多选项中，“财大气粗”和“小幸福ing”的投票率是最低的。

当然，这个投票活动不过是一种娱乐，不能算是严肃的分析调查。但从中我们也能看出，现代人，尤其是年轻一代，在财务方面确实常常面临窘境。很多时候，我们打开干瘪的“荷包”，问自己最多的问题大概就是：“我的钱到哪儿去了？”

我的朋友卓华就是如此。卓华，部门经理，月入过万，不迷恋奢侈品，也鲜少进出高档娱乐场所。但就是这样的她，在开始记账之前，也常常过着“月光”生活，总能听到她哀叹：“我的钱都花哪里去了？！”

很多没有记账习惯的人，通常都是要么怕麻烦，主观上也没有理财计划，要么对自己的记性有绝对的信心，总认为凭借着自己的记忆，就能理清楚生活中的每项花费。但事实证明，大多数女人都高估了自己的记忆力，或者说高估了自己对消费的掌控力。很多时候，或许你总觉得自己并没有花费太多，可偏偏钱包里的“毛爷爷”总是所剩无几。

假如你也出现了这种情况，那么，亲爱的姑娘，是时候来个大清算了，好好分析分析你的财务状况，看看你到底都在白白“供养”谁！

首先你要做的，就是开始记账，详尽地记录下你的一切财务活动，哪怕只是几块钱甚至几毛钱的进出。然后，看着你的账本，查查你的钱到底都去往何方了。

通常来说，会让我们的钱在我们眼皮子底下流失得无声无息的“元凶”主要有两个，即消费和投资。

先看消费。对照你的账本，检查一下，这个月你的消费项目中，究竟有多少不理性的消费。什么是“不理性的消费”呢？比方说你买的衣服，有多少是穿了一次之后就放在衣柜里“不见天日”的？甚至可能是买来之后就一次也没穿过的？再比方说，你购入的日常用品中，有多少是因为打折、促销等原因而购买，却从来没有用过的？还有那些贵得离谱的餐厅、咖啡厅，有多少是根本没必要去消费的？再看看你钱包里的各种会员卡，有多少是花钱购买服务之后就一直闲置到过期的？尤其需要注意你的美容卡和健身卡，回想一下，花钱办理之后，你一共去过多少次？

好了，现在把所有不理性的消费都加起来，看看你到底浪费了多少钱。对这个结果，你感到惊讶吗？那些你曾经或许根本没放在眼里的小钱，累加起来可不是一笔小数目啊！

再来看投资。你还能记起你都购买过哪些投资理财产品吗？别以为所有在进行投资的人都会理财，事实上，有很多人对自己所购买的理财产品是没有任何概念的，甚至有时候自己都不记得到底买过多少理财产品了。

在现代社会，投资已经成了一件“时髦”的事儿，发达的通讯网络让每个人都能轻轻松松进入投资市场，参与各种理财产品的买卖。很多人进行投资完全是在“跟风”，他们没有任何投资战略，对理财产品也一知半解，常常因为相信毫无根据的“小道消息”而盲目投入资金，导致亏损。

现在知道你的钱都被“谁”拿走了吧。别小看记账这项技能，想成为一个理财好手，管理好自己的资产，必须从记账开始。

账本其实就像是我们日常财务情况的一个活动日志，通过记账，我们可以直观地看出自己日常的财务分配情况，从而找出让资产不断流失的财务漏洞。这样一来，我们才可能解决财务问题，完成财富的积累，变为人人羡慕的小富婆。这也正是理财的意义所在。

除了需要投入一定的精力之外，踏上理财之路的姐妹们还必须懂得摆正自己的心态，否则很可能会和近在咫尺的发财机会失之交臂。

首先，当你已经下定决心，要通过理财改变自己的人生，那么无论在任何时候，都不要给自己找借口放松对资产的管理。“没空理财”“没空记账”都是懒人的借口，与其在没钱可用时去后悔，不如勤快起来，好好打理自己的财富人生。

其次，人人都知道，投资是有风险的，因此很多人为了避免风险，一味地追求稳定，除了把钱存放在银行等着微薄的利息之外，不进行任何投资。确实，把钱放在银行是比较保险，但银行不能帮助你的财富增值。考虑到日渐严重的通货膨胀，随着时间的流逝，你存放在银行的财富甚至可能会不断贬值。因此，要想成为小富婆，就必须懂得控制风险而不是逃避风险，只有让手中的财富流动起来，才可能以钱生钱，让资产像滚雪球一样，越滚越大。

最后，姐妹们一定要记住，理财是一项长期坚持才能看出效果的工作，经营财富是一辈子的事情，不能贪图“速成”。缺乏耐心，总是想着一夜暴富的人，早晚会掉进风险的陷阱里。

不该花的钱少花，优雅不等于冤大头

穿着500元的牛仔裤，踩着1000元的高跟鞋，提着10000元的名牌包，身上喷的香水3000元一瓶，嘴唇上擦的口红800元一支，咖啡永远只喝星巴克，午餐吃牛排一定要配红酒……这就是都市女白领雅雯的生活。

在公司里，雅雯总是女同事们议论的中心，男同事们追逐的对象。她漂亮时尚，俨然就像个富家大小姐。“女人，就应该活得精致优雅。”这是她常常挂在嘴边的一句话。

但其实大家都不知道，雅雯并不是什么“富二代”、大小姐，她和大多数人一样，只是普通“工薪族”的一员，而为了追逐时尚，维持“小资”感十足的日常消费，雅雯早已经刷爆了多张信用卡，一个月超过三分之二的日子都只能靠吃泡面度日……

像雅雯这样的都市女性并不在少数，她们在人前永远光鲜亮丽，懂流行，追时尚，高举着高品质的生活旗帜，哪怕喝个矿泉水都有自己所“钟爱”的特定品牌。然而在人后，她们的生活质量却不断下降……

如果在十几年前，人们大概会嘲笑这种“打肿脸充胖子”的生活方式。但在商品经济如此繁荣的今天，“经济实惠”早已不能满足人们的需求了，“品质”“品位”“优雅”“时尚”……等词汇伴随着高额的消费横冲直撞地闯进了人们的思想和生活之中，为众多女性创造了一个所谓

“优雅而有品位”的人生梦境。

在消费市场中，女人永远是主力。每个女人或多或少都有一些小资情怀，为了所谓的“感觉”“品质”，她们常常会不由自主地打开钱包一掷千金。但事实上，从实用性角度来看，许多高额的花费未必真的能给你带来实际的享受。

比如说，一套十二孔纤维的棉被和一套八孔纤维的棉被，你真的能感受到它们之间的区别吗？一瓶超过300元的指甲油，和一瓶售价不超过10元的指甲油，涂在你的指甲上之后，你真的能分辨出来它们的不同吗？

真正的优雅和有品位，不是简简单单用钱就能堆砌起来的！你花上千元去买一件精致的蕾丝浴袍，难道就表示你有很高的生活品位吗？你穿上昂贵的名牌衣服，提着天价的名牌皮包，难道就能证明你是个优雅而有涵养的人吗？当然不是！真正的优雅与涵养是在一举手一投足之间表现出来的，真正的高品位体现在你个人生活的方方面面。高消费不等于高品位，别总被零售商们牵着鼻子走，被那些眼花缭乱的包装和广告迷住了眼，成为给零售商们的财富“添砖加瓦”的“冤大头”！

或许有的人会说，难道我多花点钱去购买品质好的商品有错吗？难道我多花点钱去享受更高质量的生活不行吗？

没错，当然行，可问题是，你的收入承受得住你所谓的“高品质商品”和“高质量生活”吗？你花大价钱购置的东西，未必会对你的人生产生什么重大影响。但你毫无节制，甚至超出自己实际承受能力的消费习惯，却会让你的生活质量一落千丈。

所以，醒醒吧，被华丽的包装和充满情怀的广告所迷惑的女人们，不该花的钱就少花一些，追逐奢侈生活只会阻挡你拥有真正财富的步伐。挥霍金钱并不能让你变得更优雅，也不会让你的生活变得更有品位，只会给你打上“冤大头”的愚蠢标签！

女人爱美没有错，但奢侈的、昂贵的未必就是美丽的，优雅女人也是可以“省”出来的，这就需要各位姐妹多费一些心思。只要坚持以下几个原则，慢慢修炼，哪怕只是花“小钱”，你也能给自己买来令人羡慕的“美丽”与“优雅”：

1. 确定自己的穿衣风格

在穿衣打扮上，每个人都有适合自己的风格，你喜欢的东西如果不符合你的气质，那么不管它多昂贵、多高级，也不能把你衬托得更漂亮、更优雅。比如你是个运动型女孩，就不要选购粉嫩的蕾丝装；你长了一张可爱的娃娃脸，就别总想着装帅扮酷。适合自己的，才是最好的。

那些美丽动人的女明星们之所以能引领潮流，并非因为她们的衣服件件都是昂贵的名牌货，而是因为她们有着适合自己的独特穿衣风格，能够让人眼前一亮。因此，与其一味追求名牌，倒不如根据自己的喜好、气质、个性来寻找最适合自己的穿衣风格。

2. 选择经典款式

追求潮流注定是一条不归路。今年流行的东西，到了明年或许就穿不出去了；今年推荐的元素，到了明年大概就已经过时了。但无论潮流怎么变化，最基本的经典款是永远不会退出时尚舞台的。因此，与其去追赶变化莫测的潮流，倒不如好好琢磨琢磨那些做工精良、万变不离其宗的经典款式，比如白衬衣、阔腿裤、长风衣等等。只需动动心思，加些流行的配饰，经典款也能穿出时髦的味道。

3. 人挑衣服，不是衣服挑人

大概每个女人的衣柜里都总是会有一些价格不菲却从来不曾穿过上身

的衣服配饰吧，这是因为很多女人在买东西时总会忽略一个重点，那就是你喜欢的未必是适合你的，因此造成了种种浪费。

选购衣服时一定要记住一个原则：是人挑衣服，而不是衣服挑人。不管你身材有多好，长得有多漂亮，你和橱窗里的那些模特始终都是有差距的，不要看着橱窗和那一张张美化过的海报，就盲目选择根本不适合自己的东西。

女人天生就该是美丽而精致的物种，但美丽和精致未必就一定需要高消费的堆砌。真正的优雅是需要用心经营、精心打造的，只要用心去琢磨，哪怕只花少量的钱，也能经营出高品质的人生。

喜欢并不代表你真的需要

设想一下，当你到一家服装店里看到一件很贵的衣服，但你觉得它并不太适合你，你对它显然不会产生购买的欲望。但是，如果当你某一天再到这家店里的时候，正巧发现这件衣服在限时打折，而且今天过后活动就结束了，它又将恢复原先昂贵的价格，那么，你会买下这件衣服吗?

是的，这件衣服并不那么适合你，事实上你也不是那么喜欢它，但是你的内心还是动摇了，对吗?因为遇到这种情况，我也一样会动摇。这就是一个巨大的诱惑，想想看，我们的运气多好啊，正巧碰上这个打折机会，能够用平时根本想不到的便宜价格买下这件昂贵的衣服，重要的是，眼前的机会稍纵即逝，到了明天，它又将被贴上那昂贵的价签。这个时候不赶紧买，那岂不是亏大了?!

如果你开始产生这种想法，那么，一笔不理智的消费支出恐怕就要出现了。想想看，你之前就曾见到过这件衣服，你并不喜欢它，你也很清楚它并不适合你，今天它突然打折了，可那又怎么样呢?它依旧是那件衣服，即便你拥有了它，你也不喜欢它，甚至可能不会去穿它。那么，在它打折的时候，你花钱购买了它，究竟是赚了还是亏了呢?

冲动消费是非常可怕的，仔细回想一下，你有多少东西是在购买之后就一直没有使用过的?你有多少东西是除了占位置之外没有给你带来过任何好处的？你又有多少东西是在长期“压箱底”之后无奈送人或丢弃的？计算一下，假如你并没有买下这些对你的生活没有丝毫用处的东西，现在你将省下多少钱？

其实，你购买一件物品，未必就意味着你的生活确实需要这件物品。冷静地想一想，你只是单纯地喜欢、想买这件物品，还是你确实需要这件物品。这其中的差别是非常大的，你可能会因为各种各样的理由或冲动对某个东西产生兴趣，比如它的价格很便宜，它在做打折优惠活动，它看上去真的很好看，或者仅仅是因为别人也有这个东西。但这种兴趣通常不会持续很久，当你发现它并不具有实用性，或并不能为你的生活提供任何便利时，它便会被你“打入冷宫”。

为了帮人们分清“想要”和“需要”之间的差别，圣地亚哥国家理财教育中心提出了一个“选择性消费”的观念，就像如果遇到上面所说的那种情况时，我们不应该问自己：“我到底该不该买下这件衣服？”而是应该问：“我需要这件衣服吗？买下它的花费在我这个月的预算里吗？”简单来说就是，当你想要购买一件东西时，你该考虑的不是它值不值得买，而是它是不是真的必须买。老实说，每个女人都应该学习这种消费观念，并努力让选择性消费成为一种习惯，这将会帮助你省下不少“冤枉钱”。

要培养选择性消费的习惯，克服胡乱花钱的毛病，就得在进行任何一笔消费前都询问自己几个问题：

1. 为什么要买

正常来说，我们的收入首先要保证正常的生活开支，之后才能去考虑额外的各种消费。

而在考虑额外的各种消费时，首先要杜绝的就是“攀比”。在购物方面，有些女人看到别人有某件东西，哪怕自己其实并不是那么需要，也总是想买。这就容易造成金钱分配上的浪费，甚至可能会让自己陷入捉襟见肘的窘境。

为了避免出现这种情况，在打算购买任何东西之前，你都应该问问自己，究竟为什么要购买这件东西，购买它能为你的生活带来什么便利，以及购买它所需要花费的金钱是否在你的经济能力承受范围内。

2. 买什么

从生存需求来看，维持正常生活的物品，如柴米油盐等，都是必不可少的；从享受性需求来看，美味的食物，精美的服饰，以及定期的度假旅游等，则应该尽量与自己的经济实力相符，按照自身的实际情况进行安排；从发展性需求来看，音响的音质如何，电视机屏幕分辨率够不够清晰，沙发和床垫够不够舒适，孩子应不应该去上补习班等，虽然都是生活所需，但也并不是不能没有的，这一需求可以根据自己的财务状况来进行安排。

3. 什么时间去买

买东西的时机对购买价格的影响是非常大的，比如说你想购买一件羽绒服，夏天购买的价格显然要比冬天购买便宜很多；再比如你想购买一台手机或电脑，刚上市时的价格显然会比以后大批量产品投入市场后的价格昂贵许多。

因此，对于那些不急用的物品，选准购买时机，可以为自己省下不少钱。

4. 到什么地方去买

同样的东西在不同的地方进行售卖，其价格也会有较大的浮动。比如土特产品如果在产地进行购买，那么不仅价格低廉，产品品质也更有保证；而进口货和舶来品等如果在沿海地区购买，那么往往会比在内地实惠得多。即便在同一个地方，不同的超市、商店所售卖的商品也会有着些许价格差异。因此，购物的时候，如果有时间，不妨多走走看看，货比三家，力求以更便宜的价格买到更称心如意的产品。

如果你能做到理智消费，量入为出，你会发现，一切财务问题正悄悄离你远去。到那个时候，你会从花钱中享受到更多的乐趣，慢慢拥有更高品质的生活。

好好比价，再勇敢砍价

廖玲绝对是众多商家最钟爱的客人，因为她买东西从来不砍价。

在廖玲看来，砍价是件特别“丢脸”的事儿，每次和朋友一起逛街，朋友和商家砍价时，她都恨不得躲得远远的。

有一次，廖玲在一家她常去的女装店里看中一件外套，标价888元。廖玲有些犹豫，一方面对这件外套确实爱不释手，但另一方面又觉得价钱稍微贵了一些。就在廖玲犹豫不决的时候，商店老板娘“豪爽”地表示，可以给她打个八折，毕竟也是老客户了。廖玲美滋滋地付了钱，第二天就穿着新外套上班去了。

没想到的是，这件新买的外套，居然和另一个部门的同事关小颖“撞衫”了。更令廖玲感到郁闷的是，关小颖买这件外套，才花了350块，比她买的便宜一半还多。最重要的是，那件外套还是和廖玲在同一家店买的！

一想到自己做了“冤大头”，廖玲就气不打一处来，看来砍价虽然“伤面子”，可不砍价“伤”的可是钱包啊……

在生活中，像廖玲这样“爱面子”的人不在少数，不好意思砍价，买东西不好意思挑来拣去，甚*至连去麦当劳喝咖啡都不好意思叫服务员续杯……

贪小便宜确实是非常“掉价”的行为，但合理消费和贪小便宜是完全不同的两码事。我们说“谈买卖”，重点就在一个“谈”，买卖双方通过交涉，得出一个双方都能接受的价格，然后完成交易，买卖也就谈成了。砍价其实就是在“谈买卖”，有什么不好意思的呢？另外，挑拣商品也好，要求续杯也好，事实上这些服务都是你在购买商品时得到的附加权利，你是为这些需要付了钱的，为什么会觉得“丢脸”呢？

现在，除了一些明码标价的专卖店以外，大多数商场都是可以讨价还价的。在这些商铺中，商家通常都会将商品价格提高一些，留出一个能够还价的空间来应对顾客。而且，这样做还能从那些不好意思砍价的顾客身上获得更高的利润，何乐而不为呢？

常常逛街的人一定对此深有体会，同样一件商品，在不同的店铺里，往往标价也都不相同，有时差价能达到上百元。即便是在一些大商场或者专卖店里，同一品牌同一款式的商品，也可能会因为商家不同的打折促销活动而出现几十甚至几百元的差价。

所以说，买东西一定要懂得货比三家，更要学会和商家“谈买卖”。如果总是因为“不好意思”“怕麻烦”“爱面子”等原因就不去砍价，恐怕你就只能像廖玲一样，“伤”的是自己的钱包了。

姐妹们，那可是白花花的银子，我们辛苦挣来的血汗钱啊！如果不想再做“冤大头”，不想再把钱白白浪费掉，就抓紧时间，一起来学点儿砍价技巧，增强自己“谈买卖”的战斗力吧！

杀价技巧一：杀价一定要狠

很多非专卖店的商铺所售卖的产品常常会是一些较为冷门的品牌，让人很难估测它实际的价值。在这种情况下，商家往往可能会采取漫天要价的方式欺骗有购买欲望的顾客，他们标的价格可能比商品底价高出几倍甚至几十倍。因此，砍价一定得狠，不要因为商家给出一个很高的价格，你就不好意思压低价格，先勇敢地开口“砍一刀”，避免落入商家的天价陷阱。

杀价技巧二：藏起你的真实渴望

砍价就像一场与商家的博弈，如果你过早表现出对商品的喜爱和满意，商家很可能会因此坐地起价，这样一来，你就很难再压低价格了。所以，在购物的时候，一定要隐藏起你对商品的真实渴望，让商家认为，对于该商品，买不买对你来说根本无所谓，这样一来，为了促成交易，商家往往会更容易让步。如果最后给出的价格实在和你心里的预期价格相差太大，那不如就忍痛放弃吧，在琳琅满目的商品世界里，你一定能找到性价比更高的心头之好。

杀价技巧三：指出商品缺陷

俗话说：“王婆卖瓜，自卖自夸。”商家为了推销自己的商品，必然都会大力宣传该商品的优点，但任何一件商品都不是十全十美的，你总能找到其中存在的不足。在砍价的时候，要懂得充分利用这一点，指出商品的不足之处，这样一来，商家通常会作出一些让步，让你以满意的价格成交。

杀价技巧四：巧妙运用疲劳战术和最后通牒

在挑选商品时，不妨多享受享受商家的服务，多进行一些挑选和比较，然后再和商家谈价格。通常来说，在付出一定的服务之后，为了不让自己白忙活一场，商家促成交易的渴望会大大增强，在这种情况下，为了保证交易成功，商家也会更容易作出让步。

如果最终价格始终谈不拢，那么不妨试试最后通牒效应，果断对商家说：“这个价钱确实太高了，之前也看过差不多的，都比这个价位低。”

然后立即转身离开。根据众多美女们的“实战经验”来看，这种砍价方式效果十分显著，绝大多数卖家都会叫住你，“无奈”投降，“成全”这次交易。

除了以上传授的这些砍价技巧之外，“组团购物”也是压低价格的有效方法之一。对于商家来说，顾客“组团”购买某产品，既能扩大市场占有率，又能节省相关的营销开支，因此商家往往会很乐意成交。

现如今，团购也已经成为了一种新兴的电子商务模式，许多专业的团购网站如雨后春笋般出现在互联网上，在商家与消费者之间搭建起一道更为实惠且便捷的交易桥梁。此外，消费者们也可以自行发起团购，以承诺购买一定量的商品为筹码来获得商家的让利。

记住，货比三家，然后勇敢砍价，当你以理想的价格拿下自己心仪的商品时，你会发现，砍价不仅不会“丢面子”，反而能为你省下不少钱呢！

节假日省钱计划：花钱少还得过得好

“中秋节才刚过完没多久呢，又得安排国庆了，唉，真是花钱如流水啊……”张颖一边翻着账本一边哀叹着，旁边还放着不少中秋节没吃完的月饼。

在学生时代，过节总是令人欢欣雀跃的，因为过节就意味着放假。但自从上班以后，虽然过节依然会放假，张颖却很难再高兴起来了。因为除了放假之外，过节还意味着“花钱”。

就说刚过完的中秋节吧，光是送月饼一项，张颖就花了好几千块钱，还有各种各样的同事聚会、同学聚会……现在，中秋节总算是过去了，可国庆节也不远了。虽然说国庆节不用再送月饼，但聚会肯定少不了，还有几个婚宴要参加……光是想想这些，张颖就开始为自己的钱包难过了，哪还有什么心思去感受节日的欢乐气氛啊！

过节原本是件令人高兴的事情，但种种人情往来、聚会安排，让“钱包君”变得越来越“消瘦”，过一次节的支出，都快抵得上几个月的工资了，实在让心情难以好起来。一个“钱”字压在头上，让脸上的笑容都不免多了几分忧愁啊！

那么，有没有什么办法可以为节假日省省钱，让我们既能少花钱，还能过好节呢？

1. 礼物省钱攻略

说起节日，最大的支出恐怕就是礼物了。一年之中需要送礼的节日可真不少，母亲节要感谢母亲的养育之恩；父亲节要感激父亲的疼爱之情；教师节要感谢老师不辞辛劳的栽培；情人节要感谢爱人不计一切的付出……此外，端午节、中秋节、妇女节、儿童节、朋友生日、亲戚生日……光是想想仿佛都听到钱包在哭泣了。

其实，送礼最主要的目的在于联络感情，送的礼物只要精巧有趣，能够体现出你的一番心意就行了，不一定非得花上大价钱。

假如你是个心灵手巧的人，不妨试试DIY，亲手制作礼物送给亲戚朋友。如此，你不但能在DIY的过程中找到乐趣，也能让收到礼物的人感受到你的真诚和用心，正应了那句“礼轻情意重”。在选择DIY的礼物时，最好选择那些能够永久保存且市面上不常见的东西，这样也能凸显出这份礼物的精巧和特别。

如果你是一名“手残党”，那也不用担心，花点时间上网淘一淘，一定能找到不少商场里买不到的，便宜又新奇的小玩意儿。你还可以约上几个朋友一起购买，和商家谈个便宜的“团购价”。选择这样的小玩意儿作为礼物，不仅省时、省钱、省力，而且还别出心裁。

2. 聚会省钱攻略

节假日，各种聚会、聚餐肯定少不了。一起工作的同事，多年不见的同学，疏于联络的亲戚……几乎每一个聚会、聚餐都有无法推脱的理由。不管是AA制，还是轮流坐庄制，一轮下来花的钱可都不少。

其实，高级餐厅并非节日聚会的唯一选择，如果想要省钱又想兼顾面子，那么不妨举办一些新鲜的聚会方式。比如可以选择野餐或家庭聚会，让朋友的相聚变得有趣而温馨。如果人数实在太多，则可以考虑性价比较

聚会，约会，买礼物……

都有省钱之道。

高的“农家乐”。

3. 娱乐省钱攻略

面对来之不易的假期，不少人都觉得，宅在家里简直是一种“浪费”，于是，旅游成了众多都市人的节假日休闲首选方式。但事实上，节假日期间去过热门景点旅游的人，应该都能深刻体会到什么叫作“花钱找罪受”。

如果你并不是一个真正的旅游爱好者，只是希望让节假日过得有趣一些，那就没有必要非得随大流出门旅游，就算待在家门前后，你也可以找到省钱又有趣的事情做，比如读书和看电影。

阅读其实是一件非常有意思的事情，不妨试试给自己倒一杯茶，找一本书，在悠闲的时光里安然进入阅读的世界，你会发现，这件事情要比你想象中有趣得多。更重要的是，对于任何人来说，阅读都是有百利而无一害的。正如苏东坡所说：“腹有诗书气自华。”衣服饰品能赋予女人外在美，而读书能赋予女人气质美。

但在购买图书的时候，一定要懂得货比三家。因为很多内容相同的书，往往会因为出版社的不同和版本的不同而有较大的价格差异。在购书的时候，可以根据个人喜好和阅读习惯来选择最适合自己的版本，还可以试试网购。网络书店的书不仅种类繁多，相比实体书店，价钱也往往会有较大的优惠。当然，如果你对纸质书没有什么执着，也可以考虑买电子书，一本电子书的价格往往只是纸质书的五分之一，甚至更低。

如果你实在对文字提不起兴趣，那么看电影也是不错的休闲选择。

据科学家研究表明，看电影可以优化人的性格，提高人的修养和品位，平复人的情绪，是一种非常棒的精神享受。

虽然现在网络上随时可以看到各种各样的免费影片，但自己在家看电影，观影体验显然远不如坐在电影院里观看更好。而且，不少新上映的片子，如果想要先睹为快，只能花钱走进电影院去观看。而且，很多影院都有不少优惠政策，我们完全可以实现低价观影的愿望。

比如，不少影院在观影低峰时段的票价往往都比观影高峰时段要便宜得多，错开高峰期，不仅可以避开拥堵的人群，还能节省不少钱。此外，目前我国所有影院都实行周二半价的政策，选择在这一天看电影无疑是最为划算的。除了这些影院本身的优惠政策之外，通过网络购票，或者利用信用卡、银行卡购票，也都会有各种不同的优惠。

点点滴滴
都是“财”

前阵子我和妈妈一起看了一个古装剧，剧里一个大丫鬟教导新来的小丫鬟说：“采买是很有学问的，你要学会怎么用最少的钱买到最好的东西，然后还能从中扣下一点‘油水’，这样，老爷太太满意了，你才能长期做这个活儿，也才能多攒点私房钱。这是一个优秀丫鬟的必备技能。”

我妈听到这话，一拍大腿，感同身受地表示：“这也是一个优秀的现代主妇必备的技能啊！”

任何一个优秀的主妇绝对也是一名理财大师，她们总是能“化腐朽为神奇”，用极少的钱安排出高品质的生活，甚至还能时不时给你“加个餐”。而她们之所以能做到这一切，主要是因为她们深谙每一个生活中的“省”细节，而这些看似很少的金钱，长久积累下来之后，将成为一笔可观的财富。

“省”细节一：省水

随手关掉水龙头。有一段时间，电视上常常会播放一个关于节约用水的公益广告。广告中说，假如我们每天刷牙的时候都不关水龙头，那么一年下来，浪费掉的水量大概可以装满109个普通浴缸。可见，养成随手关掉水龙头的习惯有多么重要，那些哗哗流走的水，不仅是宝贵的资源，还是我们口袋里的钱啊。

节约用水。在用洗衣机洗衣服的时候，水位没必要定得太高，只要能淹没衣物就行了，否则不仅浪费水，还浪费洗衣粉和电。卫生间冲厕所的水箱可将浮球下调2厘米左右，按照一般水箱规格计算，这样每次冲厕所大约能节约3升水，按照每天冲厕4次来计算，一年下来，我们能节约4380升水呢！

学会一水多用。除了从数量上节约用水之外，提高水的利用率也是省水的重要技巧之一。比如淘米水可以用来洗菜、洗脸、洗头、浇花；洗菜的水也能用来浇花，还能用来冲厕所；洗衣机洗完衣服的水则可以用来拖地等等。学会一水多用，既环保又健康，还能省下不少水费。

“省”细节二：省电

养成随手关灯的习惯，避免浪费电。

使用节能灯。把家里的光源都换成节能灯，这样做能节约电量，响应低碳生活，为环保做一份贡献。

拔掉不常用的插头。很多人为了图方便都没有拔插头的习惯，总以为即便插头插在那里，不用就不费电。事实上，据不完全统计，全球每年因为不拔插头而浪费掉的电量总量相当于200座百万千瓦火力发电站的发电量。所以，如果你的插头暂时没有用处，请随手把它拔掉吧。

正确使用家用电器。通常来说，冰箱冷藏室的最佳温度应该是5℃，而冷冻室一般是-6℃，这样设置下的冰箱往往处于最佳工作状态，且最为省电；如果家里使用空调，那么温度最好控制在26℃~28℃最为适宜，否则不仅费电，而且可能危害我们的身体健康。

“省”细节三：省通信费

充分利用微信。在平时没什么急事的情况下，当你想联系身在外地甚至国外的朋友时，不妨利用微信。如果你是个微信控，还可以考虑购买相应的通讯套餐业务，每个月能为你省下不少钱。

用手机拨打IP电话。在拨打长途电话的时候，只要在拨号之前加拨一个5位数的IP电话接入号，就能省下近一半甚至更多的电话费。其中，移动的接入号为17951，而联通的接入号为17910。

选择合适的电话套餐服务。通信公司推出的套餐服务通常要比自由组合服务更优惠，大家可以根据自己的需求来进行选择。

“省”细节四：省卡费

使用免费卡。不同的银行卡在收费方面会有所不同，在办理银行卡之前，一定要仔细阅读银行的“收费细则”，尽量选择使用免费卡。比如代发社保类账户、代扣代缴账户、投资账户、工资卡等等，只要利用好这些免费卡，我们完全可以应付日常收支和消费，根本不需要多花钱去办理别的银行卡。

刷卡积分免年费。现在越来越多的商业银行都开始实行刷卡积分制度，客户刷卡交易达到一定的金额或次数，就能获得免年费的优惠。如果你办理了这类的银行卡，就尽量在日常消费中使用它，争取尽快加入“免年费族”。

减少“睡眠账户”。现在很多人都拥有不止一张银行卡，有的卡虽然没有注销，但可能早已经弃用了，这就是我们所说的“睡眠账户”。根据某些银行规定，当存款账户中的余额低于某一门槛时，银行会收取一部分“小额账户”管理费。因此，为了避免花这种“冤枉钱”，对于用不到的银行卡，还是尽早销户比较好。

“省”细节五：卖废品

日常生活中常常会产生不少能够回收利用的废纸和废品，平时注意收集一下，在节能环保的同时，还能卖出去换点买菜钱。

不要觉得这样的行为太过斤斤计较，正所谓“积沙成塔”，财富不是坐着等来的，而是需要我们在日常生活中不断寻找、不断积累，一点点积攒起来。

不要忽视小钱的力量，在生活的细节里，点点滴滴都是“财”！

排解坏情绪，不做“花洒”女人

你是否有过这样的情况：

隔三差五总想疯狂购物，不是徜徉商场就是流连淘宝，不断为自己买入的衣服、鞋子、饰品、化妆品感到后悔，却又总是忍不住不停地买，不少东西在购入之后不是被压在箱底就是被藏入柜里……如果你常常出现这样的情况，就要小心了，你很可能已经在不知不觉中成了一个“花洒”女人。

所谓“花洒”，指的就是那些花钱像洒水一样豪迈的女人，也就是我们俗称的“购物狂”。“花洒”女人最鲜明的一个特点就是，她们无法控制自己的购买欲望，很多购买行为都是在头脑发热时进行的。能够带给她们满足和愉悦的，并不是买到的东西，而是购买行为本身。因此，她们常常会在头脑发热的情况下，买一大堆不适合自己，或者自己根本不需要的东西。

杨乐就是一个典型的“花洒”女人，虽然月入过万，但赚钱的速度永远赶不上她花钱的速度。

对于工作繁忙的杨乐来说，最方便省事的娱乐大概就是“买买买”了。每次花钱购物的时候，杨乐都会产生一种极为畅快的得意感和豪迈感，这种快乐是其他事情带来的快乐所完全不能比的。虽然每次看着空荡荡的钱包和一大堆毫无用处的东西，杨乐也会感到后悔、郁闷，可即便再三“发誓”下次决不乱花钱，当见到琳琅满目的商品时，杨乐依然还是无法控制自己的购物欲望。

高兴的时候要买，不高兴的时候也要买；升职加薪要买，工作遇到瓶颈同样要买；压力大生活紧张要买，百无聊赖不知道干什么还是要买……看着比自己赚得少的人都已经开始买房置业，结婚生子，高收入的杨乐却还是个“月光”单身贵族。

花钱如流水，即便赚得再多也不够花啊！可对于这个“毛病”，杨乐自己也感到无可奈何：“其实，我也知道自己这样一直乱买东西不对，可我就是克制不了自己，改不了这乱买东西的毛病，我是不是生病了啊……”

很多都市题材的电影、电视剧中几乎都会出现一个类似的情节：女主角遭遇了某些不开心的事情，为了排解不良情绪，通常都会约几个姐妹一起到商场进行“血拼”。实际上，这种情况在现实生活中也的确并不少见，对于女人来说，购物绝对是发泄不良情绪的超有效方法之一。

女人沉迷于购物，主要沉迷的是购物行为本身，而不是所购买到的东西，所以女人总会购买一些根本不适合自己，或者自己根本不会去使用的东西，这是非常可怕的一件事情。沉迷于商品，那至少说明你在花钱的时候是有挑选性的，你拿钱换来的至少是自己需要或者想要的东西；但如果沉迷的是花钱这种行为，那就相当于把钱直接丢进无底的深渊了，再多的财富也不够你挥霍。

购物虽然是女人用来发泄情绪的手段，但如果购物欲望已经到达失控地步的话，那就需要提高警惕了，正如杨乐所担心的，成为“花洒”绝对是种心理病！

很多心理医生都认为，都市女性在极端情绪下喜欢疯狂购物，其实是一种心理偏差。相比男人来说，大部分女性在排解压力、发泄情绪方面的渠道是比较窄的，加之都市生活的快节奏，不少女性并没有坚持体育运动或者发展某项业余爱好的习惯，于是，简单快捷的购物行为就成了她们平衡情绪和舒缓压力的首选方式。

据国内一项消费调查显示：容易在极端情绪下进行失控性消费的女性占到了女性总数的46.1%，这是一个非常惊人的数字。可见，商家们常常说的“女人的钱最好赚”的确很有道理。虽然说购物的确能在短时间内帮你舒缓压力，但这种效用的有效期是非常短的，你只能不断通过消费来维持这种短暂的愉悦感。这种行为无异于饮鸩止渴，总有一天会让你陷入债务危机，将自己逼到退无可退的绝境。

在现代社会，女人所需要承担的压力有时甚至比男人更大，不管你是单身还是已婚，不管你是职业女性还是家庭主妇，都要承担来自方方面面的压力。你需要担心你的工作，你需要处理你的人际关系，你需要在生育和职业之间作出选择，你需要担心年龄带来的“贬值”，你需要承受女性生理周期带来的种种疲惫和不安，你需要照顾家庭，处理繁复的亲戚关系……面对重重的压力，女人一定要懂得寻找一个正确而又理智的发泄渠道，以排解这些堆积在一起的不良情绪，否则就很容易一不小心变成“花洒”，沉迷于购物中无法自拔。

那么，女人如何才能找到正确的情绪发泄渠道，远离“花洒”病呢？

1. 直面并接受生活中的一切不如意

很多女人的疯狂购物行为都是从遭遇某个打击后开始的，比如失恋。在遭遇这些打击之后，女人往往会通过疯狂的购物行为来化解这些打击给自己带来的痛苦感和绝望感，由此拉开了“花洒”的序幕。因此，想要杜绝“花洒”行为，就得从根源上解决问题。当你无论遭遇到任何打击，都能勇敢接受和面对时，你就不再需要用购物来排解自己的负面情绪了。

2. 培养一项兴趣爱好

除了购物之外，找出一项能够让你感到开心的活动，比如跳舞，玩猜字游戏，和宠物玩耍，看书，看电影，做饭，玩电脑游戏，野外郊游……总之，只要你喜欢的事情，都可以去做。试着远离商场，让这些活动来取代购物，成为你生活的主要休闲娱乐方式。不久之后，相信你会发现，想要寻找愉悦感，未必就一定得把口袋里的钱“洒”出去。

3. 加强内心的安全感

不管什么样的压力，想要真正排解出去，最终依靠的还是我们自己内心的安全感和心理平衡能力。试着接受自己的不完美和局限性，试着相信自己，对自己和别人都宽容一些。当我们带着一颗感恩的心面对生活时，必然能够让自己的内心回归宁静。

别为“省钱”花了冤枉钱

有人说，最有效的推销方式，不是告诉你这件产品有多么好，而是让你觉得，购买这件产品超值还能“省钱”。

设想一下，当你在逛商场时，看到一个皮包，你觉得这个皮包看上去还不错，但也不是非买不可。这个时候，售货员来向你推销，告诉你这个皮包的皮有多么好，做工有多么细致，柜台能提供多么贴心的售后服务——你可能会因为售货员的介绍而产生一点点购买的心思，但可能也就是一点点的动摇心思而已。

可如果这个时候，售货员突然告诉你，这款皮包因为店庆活动今天打五折，明天立刻就恢复原价——你可能就会毫不犹豫地掏钱付款买单了。

“打折”对女人而言总有着超乎想象的吸引力，这大概是根植于女人灵魂深处的“爱贪小便宜”心理在作祟。一件原本无人问津的商品，可能因为一个“有力”的折扣而卖到脱销；一件可买可不买的东西，可能由于有“便宜”可占就被争抢一空。可见，大多数作为“消费主力群体”的女性在购物时都是不理智的，总是打着“省钱”的旗号心安理得地花着冤枉钱。

每次逛商场，刘晶都要到打折专区去转一转。在琳琅满目的优惠商品诱惑下，她常常会买下不少自己根本用不上的东西，但即便如此，对于打折优惠的追求，刘晶始终乐此不疲。她总觉得，打折商品是可遇不可求的，东西这么便宜，如果不买岂不是吃了大亏。甚至有的时候，为了贪打折的“便宜”，即便衣服款式不合适她，她也会买，鞋子有些不合脚，她也照买不误……每次看着刘晶抱回去一堆用不上的东西，刘晶的老公都感到特别头疼。

有一年元旦的时候，刘晶和老公一起去逛商场，看中了两件女式外套，这两件外套无论材质还是款式都极其相似，一件要价600元，不讲价也不打折，而另一件在打完八折之后，价格是800元。最后，刘晶买下了那件800元的外套，仅仅因为它是“打八折”的。看着刘晶一副占了大便宜的样子，她老公怎么也想不明白，这材质、款式都差不多的衣服，不管打几折，800元就是比600元贵了200元钱啊，为什么要放弃便宜的去选择贵的呢？

在现实生活中，大多数女人的思维方式其实都是和刘晶一样的。对于打折优惠，大多数女人都抱着“打折后的价格比原价便宜这么多，买了就是赚了”的心态，正如心理学家们所说：“女人们在进行决策时，往往并不会去计算一件商品的真正价值，而是会根据它比原来省多少钱来下判断。”

但事实上，为了“省钱”而进行消费，真的省到钱了吗？想想看，当你购买一件商品的时候，并不是出于实际的需要，而仅仅是因为它便宜，买回去之后，在很长一段时间里，它可能都是用不上的。而商品价值的主要体现就是它的使用价值，你买了商品却不用，相当于这件商品对你来说是没有任何价值的。更重要的是，除了某些收藏品之外，大部分商品在你购买之后，就会开始贬值。比方说你花300元买了一件外套，觉得不适合自己，想要转手卖出，那么通常来说，你基本上不可能用高于300元的价钱卖出这件外套。也就是说，不管你花了多少钱去购买这件商品，如果它对你没有任何用处，那么你花的这些钱其实就是一种浪费。

更重要的是，不少精明的商家早已洞悉了女人“爱贪便宜”的心理，不断抛出各种看似诱人的销售手段，让你以为占尽便宜。但实际上你随时都可能落入消费陷阱。

陷阱一：“打折优惠”不便宜

“打折”已经成为商家吸引消费者的一种主要促销手段了。不说别的，单看每年淘宝“双十一”“双十二”购物节的惊人成交量就知道，这种促销手段对众多女人来说，的确有着非凡的吸引力。

但与此同时，随着购物节的火热进行，每年都有不少商家被爆出以“假打折”的方式欺骗消费者。这些商家往往会在购物节前夕将店里售卖的商品价格提高一些，然后再以提高后的价格来进行“打折”，表面上看，消费者似乎占了大便宜，但实际上，有的商品“打折”之后的销售价格，可能比平时的售价还要高。

因此，女人千万不要迷信“打折”两个字，毕竟你永远也不知道，挂在“打折”牌子后头的那个“原价”有多少真实性。别被“占便宜”心理蒙蔽了双眼，踏入商家“明降暗升”的价格陷阱。

陷阱二：“消费券”使用限制多

在不少商场，我们常常会看到一些诸如“买200返200”或者“买1000返500”之类的促销信息，这些信息乍一看似乎是天大的返利，但如果仔细研究，你会发现，这些商场所“返”的通常都是“消费券”或“购物券”一类的东西。

更重要的是，这些消费券或购物券虽然看似金额巨大，但实际用起来却有诸多限制。比方说只能对特定商品使用，又或者必须满一定消费金额之后才能进行抵扣等等。此外，这些消费券或购物券都是不能兑换成现金的，而且通常都只能在下一次购物时使用。

陷阱三：购物抽奖很难中

现在很多商家都会推出购物满多少就能进行抽奖的活动，甚至打出“100%中奖”的旗号。不少人为了能达到抽奖门槛，往往会购买一些不在购买计划内的东西。但实际上，抽过奖的人都知道，中大奖的几率是非常低的，有的人抽了一辈子的奖，都未必能抽到大奖。至于所谓的“100%中奖”，请相信，你能抽到的奖品通常不具有什么吸引力，它可能是一包纸巾，甚至可能只是一张吸引你不断进行循环消费的商城满额抵用券。

陷阱四：凑单未必真实惠

商家为了提高产品的销售数量，常常会抛出诸如“买三送一”或者“满两件打7折，满三件打6折”之类的促销手段，以刺激消费者进行更多的消费。当你对某些商品确实有较大量的需求时，可以适量多买一些来获得打折优惠。但如果你对该商品并没有这么大的需求量，为了得到这点优惠而多购买商品，那就真是打着“省钱”的旗号花冤枉钱了！凑单未必就是真实惠，买东西一定要理性选择，理性消费，购买你真正需要的东西，争取不花冤枉钱。

不同理财高手的“省钱大法”

理财不是富人的专利，同样省钱也不是穷人的专利，真正能够积聚财富的理财高手都是能赚会花懂节省的。对于理财高手们来说，真正的本事不是“不花钱”，而是“会花钱”，把每一分钱都花在刀刃上，让每一分钱都能发挥出最大的价值，这才是最成功的理财，最高端的节省。

来自不同阶层的人，收入不同，职业不同，身份不同，需求不同，理财方法自然也不同。那这些不同背景、不同层次的理财高手们，在自己的生活中究竟都有着怎样的“省钱大法”呢？

“省钱大法”一：蜜月游+婚纱照，一份钞票完成两个任务

赵芳在广州一家广告公司工作，平时非常喜欢网上购物。

一次在浏览网页的时候，赵芳看到一个信息：由于南北地域差异，北方人在结婚拍婚纱照方面的支出普遍比南方人要低。

正巧赵芳和男友婚期将近，她对这个信息非常感兴趣，便在网上查看了一些婚纱店的相关情况。她发现，在山东的某些城市，婚纱店都是扎堆开的，这样不仅可以有更多选择，砍价也变得容易多了。

随后，赵芳又仔细对比了山东拍摄婚纱照和广州拍摄婚纱照的一些具体情况。她发现，在山东拍摄一套品质还算不错的婚纱照大约只需要4000元上下，而如果在广州拍摄同等品质的婚纱照，价格基本都在1万元以

上。

赵芳和男友一商量，两人决定把结婚度蜜月的地方就定在山东。这样，他们就可以去山东拍摄婚纱照，顺带进行蜜月游，只需要用一份钞票，就办完了两件人生大事！

通常来说，把多件事情组合到一起做，能够更好地控制成本支出，降低预算。

在山东拍摄婚纱照比在广州拍要实惠得多，但如果仅仅为了拍摄一套婚纱照就不远千里地跑到山东，那成本肯定就不划算了。赵芳很聪明地把蜜月游和婚纱照联系起来，把这两件事情放到一起去做，这样一来，成本支出就少多了。在广州拍摄一套婚纱照的预算，完全够小两口到山东拍摄同等品质的婚纱照，外加蜜月旅行，简直省得不能再省啦！

“省钱大法”二：巧用公司福利，为家庭旅游埋单

王迪32岁，是一家外企的中层管理人员。按照公司规定，王迪每年都能得到7000元的旅游券作为福利。但如果要带老公、儿子一起出去旅游，7000元的券必然是远远不够的，所以，每次到发放旅游券的时候，王迪都会向那些没有出游计划的同事以八折的价格“收购”旅游券。

由于旅行社回收旅游券通常也不是全额进行回收的，因此同事们对于王迪开出的八折价都非常满意。而王迪呢，通过收购旅游券，也能以八折的价格搞定一家人的旅游计划，省下不少钱。

不要小看公司为员工提供的福利政策，如果你的工作单位和王迪的工作单位一样，有着较好的福利政策，那不妨开动脑筋，充分利用机会，让全家人都能从中得到实惠。

“省钱大法”三：节省才是硬道理

舒婷和丈夫马明都是普通的上班族，两人收入都不算太高，已经结婚

两年了，他们一直都还在租房住，因此，拥有属于自己的房子一直是舒婷最大的愿望和目标。为了实现“有房梦”，舒婷和马明制订了一系列严格的省钱计划，一起来看看他们夫妇俩的生活支出吧：

每个月扣除个人所得税、公积金和各种保险后，舒婷和马明两人实际到手的总收入为5000元；

每个月两人都会拿出2500元作为买房的存款，再算上两个人的住房公积金，预计3年后夫妇俩就能存够买房首付；

除去存款之外的2500元是舒婷和马明的生活费，包括800元房租；1000元伙食费、200元交通费、150元手机费以及其他的一些开销。

为了节省每一分钱，夫妇俩还制订了一些消费原则，比如说买衣服只买过季打折款，护肤品只买基本的，多利用吃剩的水果做美容，尽可能推掉一切没必要的应酬等等。

不打的不“血拼”，不下馆子不剩饭，家务坚持自己干，上班记得爬楼梯——这是新时代工薪族们耳熟能详的“省钱攻略”，也是舒婷和马明夫妻俩最贴切的生活写照。对于收入不高的工薪阶层来说，省钱就是赚钱，抓住每一个能“省”的生活细节，把小钱都聚集起来，有一天你会发现，小钱也能创造“大奇迹”。

“省钱大法”四：黄金单身贵族女孩的简约生活

凯蒂是一个名副其实的黄金单身贵族女孩，在一家外企担任业务经理，住的是公司配置的酒店式公寓，开的是公司配套的商务车，月收入过万。

凯蒂是个不婚主义者，她的梦想是成为在商场上叱咤风云的女强人。因此，虽然有着高薪厚职，并且没有任何来自家庭的负担，但凯蒂在花钱上从不会铺张浪费。为了工作应酬客户时，凯蒂出手都很阔绰，而在私底下，她其实一直过着粗茶淡饭的普通生活。

一起来看看凯蒂每个月的主要消费清单：

房租、交通费、手机费均由公司报销，伙食费1500元以内，服装费1000元以内，聚会消遣1000元以内……其余薪水全部存入银行，按照一定计划投资理财产品。

那些懂得节俭的人并非都是没有消费能力的人，比如凯蒂。她选择简约的生活，是因为她很清楚，什么东西是她真正想要追求的。比起奢侈浪费，她更愿意把钱花在自己认为值得的地方，让自己离梦想更近一步。

真正的本事不是“不花钱”，
而是“会花钱”，
把每一分钱都花在刀刃上，
让每一分钱都能发挥出最大的价值，
这才是最成功的理财，最高端的节省。

“身家”要厚：

会存钱，钱袋才能鼓起来

“股神”巴菲特说：“人这一生能积累多少财富，不是取决于你能赚多少钱，而是取决于你如何进行投资理财。”而投资理财的第一步，请记住，一定是存钱。

所谓“理财”，首先你必须得有“财”，然后再来谈“理”。而想要有“财”，关键就是要会“存”，会存钱才能积累财富，你的钱袋也才能鼓起来。

要想“身家”越来越厚，彻底告别“月光”生活，就从存钱开始吧！

从现在开始，制订一个存钱计划

赚钱这项才能不是人人都拥有的，但存钱这个能力却是每个人都能培养起来的。所谓积少成多，存钱虽然不能让你发大财，但能帮助你实现生活中一个个的小目标，让你在合理安排利用资金的同时，稳步提高生活质量。

每个人都有过为了实现某个目标或购买某件物品而存钱的经历，有的人精于此道，靠存钱买下了不少有用的东西；但有的人怎么都无法实现目标，总会因为生活中各种各样的“意外”而让一切努力付诸东流。

“月光族”姑娘小春就是一个不擅长存钱的人。

小春已经工作五年了，手头却没有一分钱存款，是典型的都市“月光族”。小春也曾反省过自己的问题，并为自己定下过无数的存钱目标，可惜的是，从来没有实现过一个。

比如有一年年初，小春就给自己定了一个目标：到年底的时候，存款要达到1万元。

1万元的存款目标对于小春来说一点儿也不难，她一个月工资有4000元，吃住都在家里，平均每个月只要存800多元钱，就能轻松实现这个目标，甚至还可能超额完成任务呢！

第一个月，小春存下了整整两千元。高兴之余，她拿出500元给自己买了条裙子作为奖励；

第二个月，男朋友过生日，小春兴冲冲地给他买了他一直想要的游戏机，这个月只余下了200元钱；

第三个月，小春的闺蜜结婚，为了做伴娘，小春给自己“败”了一套化妆品和一双漂亮舒适的高跟鞋，还给闺蜜包了个大红包，结果财政赤字；

第四个月……

总之，每个月似乎总能遇上点什么事，到年底的时候，小春发现，自己又是“两袖清风”了。

像小春这样不擅长存钱的人还真不在少数。

在理财师们看来，小春所制订的存钱计划根本称不上一个真正的计划。按照这个计划去存钱，小春根本无法完成自己的目标，再等几年也一样。虽然说小春有一个具体的存款目标数额，但对于如何达到这个数额她却没有任何规划。

而且，生活中除了每天都会产生的日常消费开支，总会有一部分计划外的消费开支。比如因某些需要给人送礼物，给朋友做伴娘，以及突发的疾病等等。类似这样的一些情况，很多时候你不能提前预料到，因此，在准备有计划的存钱时，除了做好日常开支的计划之外，也要为这些“意外事件”留下一些应急资金才行。

罗琳在学生时代就一直有个愿望：结婚之前独自一人前往美国芝加哥旅行一次，以实现自己的“美国梦”。

如今，罗琳已经28岁了，工作已经稳定下来，和男友的结婚计划也已经提上日程，可是那个一直深藏在心中的美国旅行计划却依然遥遥无期，最根本的原因——没钱。

严格来说，罗琳并不是一个花钱大手大脚的人，平日里也会有意无意地存下一些钱。但每当这些钱存到一定数额的时候，总会遇到一些需要用钱的突发状况，比如房租涨了、同事聚会、家人生病住院、阔别多年的同学集体出游、家里电器坏了需要重买……总之，大大小小的事情凑在一块儿，总是让罗琳好不容易养"肥"了的小钱包"一朝回到解放前"。

眼看自己的梦想就要搁浅，罗琳开始反省自己，看看存钱方式是不是有什么问题。为了赶在结婚之前实现这个旅行计划，罗琳做了一个简单的存款计划。按照2万元的旅费标准来算，距离结婚还有十个多月的时间，这就意味着罗琳每个月必须存下2000元钱。罗琳的工资是5000元，除去房租、水电、燃气等费用，再留下一部分应急开支，剩下的则要靠节衣缩食省出来。至于朋友聚会等活动，罗琳决定尽可能减少，还要减少去商场的次数，控制买衣服的费用，尽可能自己在家做饭等等。

为了防止自己忍不住乱花钱，罗琳特意办理了一个定期转存业务，每个月一发完薪水，银行就会自动从工资卡上转走2000元为定存。

在不懈的努力和严格的要求下，罗琳终于在披上婚纱之前实现了她的梦想——到美国潇洒走一回！

严格来说，罗琳的这个临时存钱计划不算周密，存在许多漏洞，因为一旦遭遇突发状况，她就未必能够顺利完成这一计划。但与小春那个粗略草率的目标相比，罗琳已经做得非常不错了。在设定目标时，罗琳就将总目标分成了一个个具体的小目标，比如每月自动转存2000元，这是非常值得我们学习的。想要存下钱，就一定要懂得制订合理的储蓄计划，并按照计划一步步实施。

那么，制订一个简单的存钱计划，需要注意哪些问题呢？

首先，要把你的存钱总目标拆分成一个个的小目标，然后一步步去达成。通常来说，大部分小目标都是以一个月为周期来设置。

其次，检验你的目标是否具有可行性。存钱应该在不影响正常生活的基础上进行，只有这样的存款计划才能长久进行下去。在检验目标可行性的时候，我们应该把自己每个月的生活必需开销进行一个估算，并预留一部分应对突发事件的资金，最后根据自己的开销情况确定存款数额。

最后，绝对不要存有侥幸心理，即便前几个月超额完成存钱任务，后几个月也不能放松对自己的要求。毕竟存钱还是多多益善嘛！

从现在开始，为自己量身定制一个存钱计划吧！你可以没有赚钱的天赋和才能，但一定要培养存钱的习惯和技能。合理地安排好手中的每一分钱，总有一天，你储蓄账户上的数字变化会给你带来意想不到的惊喜。

不要抱怨利率低，先存下钱再说

二十出头的职场新人罗小佑是个“理财迷”，从小就立志要成为有钱又有闲的小富婆。对于各种投资理财方面的知识，罗小佑可谓是信手拈来，只要站上讲台，她就能现场给你上一堂投资理财课。

和别的年轻女孩不同，在别的女孩子讨论某明星的娱乐八卦时，罗小佑看的是财经新闻；在别的女孩子谈论衣服、包包、化妆品时，罗小佑谈论的是股票、基金、收藏。早在读大学的时候，罗小佑就已经给自己制订了一整套的投资计划，甚至还早早关注了几支股票，作为自己“发家致富”的投资选择。

你一定以为罗小佑现在即便没有腰缠万贯，也一定存款不少了吧？NO，NO，NO，你错了，虽然早早就有了无数的理财计划，但进入职场两年多的罗小佑依然过着“财政赤字”的生活。为什么？很简单，因为虽然她有无数的投资计划，学习了无数的金融知识，可作为一个典型的“月光女神”，罗小佑实在没“财”可“理”啊！

理财，你得先有“财”，然后再谈如何“理”。如果连“财”都没有，制订再多的计划，有再多的想法，也不过是纸上谈兵罢了，就像“月光女神”罗小佑一样。

请记住，理财是从储蓄开始的，理财的第一步永远是存钱。没有一定金额的钱，再好的理财想法也无法付诸实践。因此，如果你也是一个依然在“财政赤字”的泥潭中挣扎的人，想要踏上理财之路，就先从存钱开始吧。不要总去抱怨银行利率太低，也不要好高骛远地盯着“投资回报率”，先存钱，累积起你的第一笔财富，再去谈其他宏伟的投资计划。

对于习惯“月光”的年轻人们来说，存钱确实不是件容易的事儿，需要努力和坚持。想要真正做好储蓄这件事，完成财富的原始积累，以下原则是我们必须要学会并且能够遵守的：

原则一：制订储蓄计划

想要做好一件事情，首先要制订一个详细的计划，然后严格按照计划一步步执行，储蓄同样如此。在开始储蓄之前，每个人都应该根据自己的实际情况制订一份合理的储蓄计划，内容越详细越好。制订了计划，我们可以更清晰明确地向目标迈进。

原则二：建立一个自动储蓄账户

在正式开始储蓄之前，建议大家建立一个专门用于储蓄的自动储蓄账户，即一个只存不取的账号。每个发薪日都从薪水中拿出一小笔钱存入该账号，刚开始的时候，这笔钱不用太多，哪怕只是一顿饭的钱或一次泡吧的钱，当你开始做这件事，并月月坚持下去的时候，你便开始告别“月光一族”了。

开始存钱之后，每个月存入的金钱数额可以根据自身情况进行调整，但一定要保证，这笔钱不会影响到你的日常开销。要知道，培养一个良好的储蓄习惯，远远比你偶尔存入一大笔钱要好得多。

此外，一定要遵循的一个原则是：即便手上已经没有可支配的金钱，也绝对不动该储蓄账户上的钱。如果确实需要钱，也尽可能从别的途径想办法，比如做兼职。

原则三：控制消费支出

要想坚持并做好储蓄这件事，就一定要控制好自己的消费情况，尽可能避免一切不必要的消费支出。

对于“月光族”来说，最大的问题不是赚得少，而是花得多。花钱无节制、无计划是非常可怕的，很容易造成金钱的浪费，甚至带来一系列可怕的财务问题。因此，想要摆脱“月光”生活，积累起属于自己的财富，培养良好的消费习惯至关重要。

为了让消费更加理性，你可以考虑给自己列一个“必需物品清单”，并将这个清单保存在手机里。每次产生购买欲望之时，都对照该清单看一看，尽可能避免购入清单之外的物品，哪怕它在打折促销，也坚决不多看一眼。坚持下去，相信你一定能控制住自己的购买欲望，从而避免很多不必要的支出。

原则四：省下多少钱，就存入多少钱

在某些时候，你可能会因为一次预料之外的打折降价而节省下一笔原本计划消费的钱，在碰到这样的好运时，就把这笔“意外之财”存入你的储蓄账户吧。要知道，你在一次消费行为中节省下的钱，不是为了让你在另一次消费行为中挥霍浪费掉的。与其把这些钱浪费在毫无意义的地方，倒不如将它存入账户，为你的财富“添砖加瓦”。

原则五：重视每一分小钱

很多存不下钱的人都有一个共同的毛病：不重视小钱。在他们眼中，那些一块几毛的零钱根本没什么用。确实，在高消费的今天，一块钱或许没有什么大用处，但如果是一百个一块钱呢？一千个、一万个一块钱呢？

大财富都是由一个个小钱积累而来的，如果你不重视小钱，就会很难挣到大钱。学会重视生活里的每一分小钱，当你真正懂得珍惜金钱、重视

金钱的时候，你才具备掌控财富的资格。

原则六：存小钱，买大物件

在生活中，难免会有购买大物件的需求，当你产生这种需求的时候，不妨考虑为此开设一个目标账户，将平时节省下来的小钱一点点存入该账户中，通过积少成多来完成大物件的购买。这样做的好处在于，一方面，可以避免动用固定存储资金；另一方面，有助于培养良好的储蓄习惯。而且，对于通过自己努力攒钱而购买到的大物件，相信你也会更加珍惜。

守好自己的“不动产”

在所有的理财项目中，储蓄无疑是回报率最低的。尤其是在投资市场一片大好的时候，储蓄能给投资者带来的收益更显得微乎其微。与股票、债券等高回报率的投资产品相比，收益率低、升值缓慢的储蓄显然没有任何吸引力。但任何一个理财好手都知道，看似毫无吸引力的储蓄恰恰是每个人及每个家庭都必不可少的理财项目。

储蓄之所以这么重要，主要是因为它具有风险小、安全性高的特点。可以说，储蓄是一种“零风险”的理财项目。

天有不测风云，人有旦夕祸福，你永远无法预料生活会在什么时候给你“当头一棒”。因此，无论何时，给自己留一笔“不动产”都是至关重要的。在风平浪静的时候，这笔“不动产”或许并不能显现出它的重要性，但在危急关头，这笔“不动产”往往能救你的命。

当然，这里所说的“不动产”并不是我们通常所说的那些不可移动的财产，而是指“不可以去动”的资产，也就是所谓的“应急资金”。应急资金是生活发生突变时的重要保障，因此，无论你有多好的投资项目或多难以割舍的消费需求，都不能随意动用它们。即使已经到了非得动用它们的时候，也应该想办法，确保在最短的时间内补足这笔资金。

李佳的银行账户里原本存着一笔钱，是专门用来应急的。一个月前，单位上组织了一次“房产团购”活动，参与者能以极其优惠的内部价格购置一套房产。经过多方面的考察后，李佳发现，该楼盘确实非常有潜力，后期升值空间很大。于是，在经过多番考虑后，李佳取出了账户里的应急资金，付了房子的首付。

可谁能想到，钱刚花出去没多久，李佳的父亲就得急病住进了医院，现在急需一笔钱做手术。但李佳所有的钱都拿去投资房产了，现在一分钱都拿不出来，为了筹集父亲的手术费，她天天“求爷爷告奶奶”地四处借钱……

“唉，要是当初没动那笔钱就好了，现在也不用这样！”李佳疲惫而无奈地叹息着。

如果当初李佳能守好自己的“不动产”，在诱惑面前果断说“不”，保管好自己的应急资金，那么当父亲生病需要钱的时候，自己也就不会陷入这样的财务困境了。所以说，不管你是相对轻松的单身贵族，还是拖家带口的贤妻良母，无论何时，都应该守好自己的“不动产”，这是我们非常重要的--份生活保障。

虽然是“不动产”，但并非永远都不能动，如果只是一笔“死钱”，它显然是不具备任何价值的。这笔“不动产”就像我们为生活买的“保险”一样，它最大的作用在于，确保我们在最近一段时间以及未来的数年之内拥有抵御风险的能力。

通常来说，这笔“不动产”的数额是根据我们的收入和支出状况来进行设置的，数额越多，它能为我们提供的生活保障也就越牢靠。在设置数额时，一定要注意其合理性：既不能太多，影响到正常的消费支出；但也不能太少，遇到急事也不够用。一般来说，这笔钱的数额至少要能维持我们半年左右的生计。需要注意的是，在确定这笔应急资金的数额之后，应确保不要轻易动用它，并保证这笔资金能够在相对较长的时间内保持住一定的数额，以备不时之需。

储备“不动产”的最佳方式就是储蓄，储蓄不仅安全性高，而且形式灵活，可以继承，操作也相对要简单得多。储蓄几乎不需要任何专业的投资理财知识，也不需要你去理解那些复杂的金融词汇和术语。任何人都能进行储蓄，你所需要做的，仅仅只是把手头上的闲钱存入一个账号，并确保自己不会轻易动用它。

谁都不希望自己的生活发生意外，但不希望发生并不意味着就不会发生，与其浪费时间去徒劳地祈祷好运相伴，倒不如未雨绸缪，提前做好一切准备。当我们拥有了一份保障后，即便生活遭遇突变，也不至于像只“待宰的羔羊”般处在被动状态。如果我们有足够的好运，始终没有机会动用这笔应急资金，那也并不影响它成为我们财富积累的一个组成部分。

需要注意的是，“不动产”的数额并不是永远不动的，它应该随着你收入的增加、生活方式的改变、生活质量的提高以及家庭成员的增多而不断上涨，以确保能够在一定时期内发挥它的“职能作用”。

一定要会玩
“存钱游戏”

女人的衣柜里永远缺一件衣服；

女人的包柜里永远缺一个包包；

女人的鞋柜里永远缺一双美鞋；

女人的梳妆台上永远缺保养品和化妆品……

是的，每个女人都是“千手观音”，无论发誓多少次要“砍手”，在面对各式各样的诱惑时，总会“长”出新的罪恶“小黑手”。它会打开我们的钱包，挥霍我们的金钱。承认吧，花钱确实是件很爽的事儿！

与快乐的花钱相比，枯燥乏味的存钱是多么艰难而缺少吸引力啊。不少刚开始步入存钱行列的女人大概都有过类似的体会：不管什么时候，只要刚把钱存进去，似乎就总会发生一些事情，让我们不得不赶紧把钱取出来花掉。这大概就是人生最可怕的“诅咒”——墨菲定律——在作祟吧。

但无论存钱这件事有多么困难、多么无趣、多么痛苦，它都是我们积累财富道路上的必修课。只要你想成为“小富婆”，只要你渴望过上有钱又有闲的日子，只要你希望从此远离财务问题的困扰，那么，你就必须先学会存钱。

既然存钱是件无聊又痛苦的事儿，那么，为了保证我们能持之以恒地将这项困难重重的“事业”继续下去，不妨从中找点乐子，把存钱当成游戏来玩吧。怎么玩呢？一起来看看以下几位“小富婆”推荐的“存钱游戏”吧。

游戏一：占卜师安琪推荐的“钱母”游戏

安琪是名占卜师，向来“迷信”的她，为了存下钱，专门给自己“发明”了一个能够有效进行储蓄的“招财进宝”方法。

根据占卜，安琪列出了自己的幸运数字，并注意在日常生活中，将那些有自己幸运数字号码的钞票搜集起来，放到一个信封或者口袋里，然后再放到衣柜或者书架的最底层做“钱母”来“压箱底儿”，并时刻提醒自己，这些“钱母”是用来招财的，绝对不能轻易动用。久而久之，“钱母”越积越多，让习惯乱花钱的安琪也有了一笔不菲的储蓄。

安琪的方法虽然有些“迷信”，而且也和理财沾不上什么边，但不得不说，对于那些有“存钱困难症”的姑娘们来说，这不失为一个培养存钱习惯的“入门良方”。如果你也相信“钱母”有招财进宝的功能，不妨一起来试试吧。

游戏二：化妆师小婷推荐的“储蓄罐”游戏

小的时候，几乎每个人都曾拥有过一个储蓄罐，但随着年龄的增长，储蓄罐已经离我们的生活越来越远。但一向花钱大手大脚的小婷却利用储蓄罐成功“变身”了，让自己“月光”的存折上也开始有了日渐增长的小数字。

作为一名化妆师，小婷一向对漂亮可爱的东西毫无抵抗力，为了培养自己的存钱习惯，她给自己买了个漂亮的储蓄罐，决定用这种古老的储蓄方法来为自己积累第一笔小财富。小婷的方法非常简单，每天都坚持从钱包里掏出5元、10元丢进储蓄罐，尽量减少自己“不明方向”的小花销。数月之后，小小的储蓄罐里竟也累积了上千元钱呢。

游戏三：会计菲菲推荐的“拆分工资卡”游戏

菲菲从事会计工作，就像做账目一样，在管理个人资产方面，菲菲也喜欢做到条理分明。菲菲拥有多个储蓄账户，每个账户都有专门的用途，比如有专门的消费账户、还款账户、储蓄账户以及理财账户等等。每月发工资，菲菲就会按照自己所做的预算，把工资卡上的钱全部取出来，分别存入这些账户中，以此来控制自己的花销情况。

菲菲的方法相对来说要麻烦得多，但也能帮助姑娘们尽可能地控制无节制的消费行为。因此，如果你是个毫无自制力、花钱大手大脚的人，不妨向菲菲学习，将每个月的收入进行拆分，给自己规定一个“门槛”，这样坚持下去，相信一定能让你在消费的时候有所收敛，不至于因毫无节制的挥霍而陷入财务困境。

游戏四：白领梦瑶推荐的“专设储蓄卡”游戏

漂亮的女白领梦瑶是典型的“月光女神”，每个月不仅存不下钱，还总欠下一大笔卡债。为了改变自己“先花未来钱”的消费习惯，梦瑶想了一个好法子：在没有申请过信用卡的银行专门申请了一张储蓄卡，强迫自己进行储蓄。

每个月一发工资，梦瑶都会将收入的10%~30%存入该账户，并且决不往外取。该储蓄卡没有和信用卡挂钩，因此梦瑶也不用担心自己会动不动就用这些钱来还账单。

如果想存钱，那就先从强迫自己储蓄开始吧。但一定要注意的是，在强迫自己储蓄时，给自己申请个“与世隔绝”的账户，绝对不能给自己留下任何消费空子，比如和信用卡绑定，或者和某些支付账户绑定等等。

游戏五：律师美琳推荐的“特设‘基金’”游戏

这里所说的“基金”，并不是指银行投资理财产品，而是指为实现自己某个梦想而设立的“梦想基金”。比如说一次出国旅游、一项进修计划、一辆车、一套房、一个名牌包……将这些小小的梦想消费计划，作为你培养储蓄习惯的动力。也许目前你的账户里已经存了一些钱，你在为实现这些小小的消费梦想而努力。请不要动它们，将这些小梦想、小计划坚持实施下去，一步步培养良好的储蓄习惯。

这是律师美琳最喜欢的储蓄方式，正如美琳所说的：“这不仅能够成为我坚持储蓄的动力，并且能保证我在为梦想买单之后不会变得一贫如洗。重要的是，通过这个特设‘基金’游戏，我甚至已经有些爱上储蓄了！”

花钱是件很爽的事，所以我们都爱花钱。那么，不妨试着寻找一个自己最喜欢的存钱游戏，给存钱也找些乐子。当你由衷地发现存钱的魅力之后，生活也会多一些乐趣。更重要的是，这项乐趣还能让你的财富值不断攀升，何乐而不为呢？

通过储蓄
“赚”银行的钱

所有理财专家几乎都会告诉我们，与其把钱存在银行，不如拿去做投资。毕竟把钱放在银行，得到的利息是非常有限的。如果通货膨胀的速度加快，天长日久，放在银行的钱可能会持续贬值。

确实，储蓄和其他投资不同，它的主要特定就是稳定、安全，但和其他投资产品相比，收益少得可怜。因此，通常也不会有人指望通过储蓄来赚钱，主要通过它积累财富。

虽然储蓄收益的确低得可怜，但人人都需要储蓄。没钱的人想要开始理财，第一步要做的事情就是存钱。等有了一定的资本以后，即使开始做投资，储蓄也将伴随你一生。

任何一种投资产品都是有风险的，所以投资的首要原则就是稳健，你必须确保拿去做投资的钱不会影响到日常消费开支。不管你有多少钱，在投资理财的过程中，都必须保证有足够的储蓄来应对日常生活中的一切开支，以及可能会面临的风险。

虽然说储蓄无法帮你赚大钱，但既然储蓄将伴随我们的一生，那么不妨好好想想，究竟怎样储蓄，才能实现利益最大化，“赚”到银行的钱。以下是一些理财高手分享的能够获得较高利息的储蓄方法，各位姐妹不妨借鉴一下：

1. 十二存单法

众所周知，在银行存钱，定期存款利率要比活期存款利率高得多，但定期存款在存取方面显然不像活期存款那么灵活方便。因此，大多数人在进行储蓄时，通常都会选择活期存款。其实，只要用点智慧，你也可以把定期“存”成活期，让自己的资金既能“活”起来，又能得到较高的利息。

“十二存单法”就是能够帮你把定期“存”成活期的有效储蓄法。这个方法很简单，每个月你都固定将一笔钱存为定期，比如说定期为一年，这样坚持存一年之后，你就拥有了十二笔定期存款的存单。从第二年开始，第一个月，你存入的第一笔钱就到期了，如果没有什么急用，你完全可以将钱和利息取出之后，再加上这个月原本就打算要存的钱一起再存入银行，同样定期一年。这样以此类推，每个月你都将有一笔到期可取出的定期存款，即便遇到什么事情需要应急，也非常方便。

当然，这种方法的弊端就是它确实非常麻烦，你必须每个月都往银行跑一趟。但如果你上班没有那么忙，手头又缺少大笔现金或大额存款，那么这个方法对于你来说是非常适用的。

2. 接力储蓄法

“接力储蓄法”其实就是“十二存单法”的简化版。

你可以每个月将一笔固定的钱存为定期，时间不用太长，大概三个月或者半年。以存三个月为例，当你存到第四个月的时候，第一笔三个月的定存就到期能够取出来了，如果没有什么需要花费的地方，就再连本带利加上这个月要存的钱一起继续定存，以此类推，不断接力下去。

相比“十二存单法”来说，这种“接力储蓄法”在资金的流动上更加灵活，只是获得的利息要比“十二存单法”少一些。但相比活期存款的利率而言，三个月定存所能获得的利息至少比三个月活期所能获得的利息高出两倍。

3. 五张存单法

如果你手头上已经有了一定的存款积累，而且也不想把储蓄变得太麻烦，那么不妨试试“五张存单法”。这种储蓄法顾名思义，就是有五张存单，那么这五张存单要怎么分配呢？举个例子，假设你现在手头上有一笔暂时不会动用到的存款，总数3万元。在近一两年内，你可能会有生育考虑，那么可以这样分配：

第一张存单存款数额3000元，定期一年；

第二张存单存款数额5000元，定期二年；

第三张存单存款数额6000元，由于银行定期没有四年，所以依旧定期二年；

第四张存单存款数额7000元，定期三年；

第五张存单存款数额9000元，定期五年。

到期之后，同样的，如果没有需要花费的地方，那么可以把本息一起取出，再重新存入，定期五年，以此类推。

这样，你手头上就会有五张存单，而且之后几乎每年都能有一张到期，来应付你可能会出现的消费计划，比如生儿育女。更重要的是，银行五年定期储蓄的利率比一年、两年、三年都要高，利用这个方法，不仅每年都能有一笔到期的资金，而且此后每一笔存单都能享受到五年定存的高利率。

4. 利滚利的组合存储法

通常说的组合存储是利用存本取息与零存整取这两种方式组合进行的储蓄方法，这种组合存储法的最大好处就是能够实现“利滚利”。

比如，你把一笔数额较大的资金存为存本取息，然后每个月你都能得到一些利息，然后再把这些利息存为零存整取。这样一来，相当于你每个月都能拥有两笔利息，一笔是数额较大的本金所生成的，另一笔则是由所生成的利息再生成的。

需要注意的是，想要使用这种组合存储法，你得有一笔数额较大的本金才行。

5. 约定转存

所谓约定转存，就是指你事先和银行进行约定，让银行将你每个月存入的一部分活期存款转为定期存款，这样你就不需要自己总是跑银行去办理业务了。至于将多少数额的资金转为定期存款，这一点在签订协议时你可以自己设置。这种方法比较适合每个月都有固定收入的上班族。

明明白白存钱，清清楚楚计息

想要身家“厚”起来，就必须要会存钱，而如果想存钱存得快，就必须要懂得“吃”利息了。之前说过，合理的储蓄配置方法，可以让你的资金实现收益最大化，多“赚”银行的钱。但每个人情况不同，需求也不同，适合别人的储蓄方式，对你来说未必就适用。

其实，银行的储蓄方式不外乎就这么几种，只要你明白各种不同储蓄下的利息到底是怎么计算、怎么生成的，自然就能为自己量身定制一套最适合你的储蓄方案了。

我们去银行办理业务的时候，常常会在滚动屏上看到一些数据，比如活期存款的利率、定期存款的利率、贷款的利率……这些利率决定了我们能够通过存款从银行获得多少利息。不论哪一种储蓄方式，在计算利息时都有一个最基本的公式，即：

利息=本金×存期×利率

一般的定期存款和活期存款利息都可以直接通过该公式计算出来。从这个公式可以看出，利率越高，我们存钱就越划算，能得到的利息就越多。我们存入的本金越多，存期越长，所获得的利息自然也越多。

需要注意的是，银行在计算利息时，计息起点都是以“元”为单位的，简单来说就是，不管什么储蓄，“元”以下都是不计算利息的。

而对于存款存期的计算，银行则是“算头不算尾”，即你存入资金的当天是算在存期之内的，但是你取款的那天则不计算在存期内。也就是说，你存入一笔资金后，这笔资金的计息期是从你存入当天开始，到取出的前一日为止。而为了方便，银行都是以30天算一个月，360天算一年的方式来进行存期计算的。此外，在整年的存期计算方面，银行通常是按照“对年对月对日”来计算，比如，你在2015年6月3日存入一笔钱，那么到2016年6月3日时存期为一年。

我们知道，利率是一直在变动的，那么在我们的存款期内，如果利率发生变动，利息又该怎么算呢？目前我国银行规定，定期存款的利率如果在存期内发生变动，那么利息是要按照存单开户日期那天银行所公布的利率来进行计算的，因此，定期存款完全不需要担心在存款期内出现利率下降的情况。活期存款则不同，按照规定，如果遇到利率调整，那么活期存款的利率是按照结息日公告的利率来计算的。

下面我们就简单来看看，一些形式较为复杂的储蓄存款具体是怎么计算利息的生成的。

第一种：零存整取

零存整取的定期储蓄一般是按照“月积数计息”法来计算利息，基本公式为：

利息=月存金额×累计月积数×月利率

累计月积数=（存入次数+1）÷2×存入次数

比如说，以1年的期限为例，你在这一年中，每个月都会向银行存入一笔固定金额，按照零存整取储蓄的计息方法来看，你的累计月积数就应该为（12+1）÷2×12=78，以此类推。

第二种：整存零取

整存零取正好和零存整取相反，它的计息公式为：

每次支取本金=本金÷约定支取次数

到期应付利息=（全部本金+每次支取金额）÷2×支取本金次数×每次支取间隔期×月利率

第三种：存本取息

在计算存本取息储蓄的利息时，银行通常会先按存储本金、存期和规定利率算出最终的利息总数，然后再将这个总数按照储户所约定的支取次数进行平均分配。如果发生逾期支取或者提前支取的情况，那么利息将会按照整存整取来进行计算，但如果储户是提前支取的，那么银行还将扣除已经付给储户的利息部分。具体计息公式为：

每次支取利息=（本金×存期×利率）÷约定支取利息次数

第四种：定活两便

按照规定，存期在3个月以内的，均按照活期存款利率来计算；存期为3个月以上的，则按照同档次整存整取定期存款利率的60%来计算；存期在一年以上的（包括一年），则一律按照支取日定期整存整取1年存期利率的60%来计算，即：

利息=本金×存期×利率×60%

第五种：个人通知存款

个人通知存款指的是一次性存入之后，一次或者分次进行支取。其中1天通知存款需要提前1天通知银行进行支取，利息则按照支取日的1天通知存款利率计算；7天通知存款则需要提前7天通知银行进行支取，利息按照支取日的7天通知存款利率计算。如果不按照规定直接要求取款，那么所有利息都按照活期存款的利率进行计算。

个人通知存款的基本计息公式为：

应付利息=本金×存期×相应利率

了解这些不同类型储蓄的计息方法之后，我们就能根据自己的实际情况进行最为合理的储蓄配置。做到明明白白存钱，清清楚楚计息，才能让资金在储蓄中实现利润最大化。

储蓄理财，明确方向是关键

存钱就像是一个积少成多的“游戏”，需要我们付出足够的耐心和毅力。虽然这个“游戏”从规则上看似乎没什么难度，但玩过游戏的人都知道，在任何一盘游戏开始前，如果我们能够对它的一切情况都了如指掌，做到“知己知彼，百战不殆”，制订出完美的“通关计划”，那么必然能成为“游戏”的大赢家。但如果我们一无所知就闷着头栽进去，不仅难以获得预期的利润，甚至可能损失本钱。

卢爽在一家外企工作，今年27岁的她已经到了适婚年龄，因此决定开始好好管理自己的财务收支。

卢爽的钱包里装有十几张各个不同银行、不同功能的卡。卢爽说，她的这些卡都有非常明确的“分工”，有的专门负责还房贷，有的专门用来还车贷，有的专门负责缴纳水电费，有的专门用于投资股票，有的专门用于投资基金，还有专门用于买保险的、交电话费的、转账的……此外，还有公司专门要求员工办理的工资卡，以及一些还没想到用途，仅反是为了帮助朋友业绩而顺水推舟办理的银行卡。

按照规定，不少银行的银行卡都是要收取年费的，此外，根据各个银行规定的不同，当卡内余额不足某个数额时，银行还将收取一部分“小额账户管理费”。这么一算下来，卢爽的这些银行卡，每年都得“吞”掉她上百元的费用呢！

像卢爽这样的人还真不在少数，包里揣着一大摞卡，用处没多大，每年还得向银行“上贡”。实际上，我们每年在银行卡年费或账户管理费上的这些支出都是完全可以省掉的。在办理银行卡的时候，如果能够仔细考虑，选择真正适合自己的卡，那么完全可以避免这样无意义的资金流失。正所谓“卡不在多，够用就好”，在进行储蓄理财时，我们一定要擦亮双眼，绕开那些五花八门的银行卡收费项目，选择真正实用又实惠的卡。

在开始储蓄理财这个“游戏”之前，有四点大方向是我们每个人都该把握好的：

1. 明确存款用途

在开始决定存钱之前，我们必须要明确，自己主要打算用这笔存款做什么，这将影响到我们对储蓄种类的选择。通常来说，大部分人存钱的目的不外乎就是购物、旅行、买车、买房或者为子女未来的教育经费做准备，又或者为自己的养老问题做安排等等。根据存款用途的不同，可供我们选择的储蓄方式也有所不同。比如，如果是想为子女日后的教育经费做储备，那么就可以考虑选择由国家支持、利率也相对较高的教育储蓄。所以，明确存款的目的和用途是相当重要的。

2. 选择适合的储蓄种类

不同的储蓄种类计息规则和支取规则也都不同，比如活期储蓄在支取上就非常灵活，可以随取随存，但利率就相对较低了；定期储蓄利率比活期储蓄高很多，但支取有着严格的时间规定，如果提前支取，则会损失掉利息。因此，在进行储蓄之前，我们必须根据实际的需求谨慎选择储蓄种类。

比如我们每个月都可能动用到的生活费用就必须存活期存款，方便我们取用；而那些长期暂时不会动用到的资金，如为准备买房而积攒的，或者为养老而积攒的，就可以考虑存定期，以获得更高的利息。但需要注意的是，在存定期时，最好根据自己的实际情况进行一些分散，尽可能提高定期存款的灵活性。否则，如果你将一大笔资金存为一笔定期，那么在遇到突发事件不得不支取时，就只能放弃利息了。

3. 把握储蓄时机

银行存款利率并非一成不变，利率的浮动对你能获得多少利息有着重大影响，因此，把握储蓄的时机也是相当重要的。尤其是定期存款，定期存款的利息是按照你存款当日公告的利率来进行计算的，因此在决定存定期之前，一定要关注银行的利率浮动情况，选择在利率较高的时候存钱，能获得的利息也会更多一些。

此外，在银行利率相对较低的时候，可以考虑选择凭证式国债，或者做一些短期存款，以便根据利率的浮动情况随时进行策略调整。

4. 选择适合自己的储蓄机构

现在，可供我们进行存款的银行机构非常多，五花八门，那么到底选择什么样的银行才是最适合自己的呢？

储蓄最大的优点就在于安全、稳定，因此在选择银行时，必然要先从安全性角度进行衡量，一定要选择那些安全可靠、信誉度高并且经济状况好的银行，这样才能尽可能保证我们的资金安全；其次，银行的硬件服务设施和服务态度也是非常重要的；最后，还要考虑银行所能提供的各种功能性服务。

我们办理银行卡进行储蓄，一方面是为了安全，另一方面也是为了方便。现在银行所提供的功能性服务项目种类十分繁多，比如日常生活中各项费用的缴纳、购票等，都可以通过网上银行来完成，选择一家服务功能较为齐全的银行，能为我们的生活提供很大便利。

把握住这四点大方向，相信各位聪明的女性朋友一定能为自己选择到最合适的储蓄方式，让手里的资金赶紧“生”出钱，把小钱积累成大钱，完成心中的财富目标。

让存钱变成一种生活习惯

一个爱吃的人，每到一个地方，最先熟悉的往往都是周围的饭店；一个爱整齐的人，看到桌子上杂乱无章，总会下意识地将东西摆放整齐。这就是习惯，习惯决定了你会成为一个怎样的人，会拥有怎样的命运。

生活中，每个人或多或少都会有一些特定的习惯，习惯早起，习惯吃饭前先喝一碗汤，习惯在吃番茄炒蛋时先吃鸡蛋……这些习惯中，有的不会对你的人生造成什么影响，有的却可能成为扭转你命运的关键。比如说——你是一个习惯花钱的人，还是一个习惯存钱的人，这个习惯就决定了你未来人生的“财富值”。

林璐璐是一家文化公司的策划经理，月收入在8000元上下。她在公司附近一个小区里租了一套房，月租1200元，每月除去日常的开销之外，她还会给父母一些零花钱。林璐璐一直自诩为“单身贵族”，在生活中特别注重品位和“情怀”，是个典型的都市“小资女”。在花钱方面，林璐璐非常随意，常常是看到自己喜欢的东西，只要买得起，不管需不需要，都先买了再说。至于什么算“买得起”呢？很简单，看看这个月工资还够不够花，工资卡里还有没有钱，只要有结余，那么就是“买得起”。因此，一直以来，虽然林璐璐没有任何债务问题，但她也没有任何存款，是典型的“月光女神”。

吴涛是林璐璐新聘请的助理，月收入在3000元上下。和林璐璐不同，吴涛是个非常朴素而节俭的女孩，刚大学毕业没多久，和同学一起租房，也住在林璐璐租住的那个小区。由于她们是三个女孩一起合租的房，因此每个月吴涛的房租支出只有400元。吴涛给自己制订的存钱目标是每月至少存下1000元，只要一到发薪日，吴涛就直接先从工资卡里转出1000元存到另一个固定账户里。虽然目标设定是1000元，但事实上吴涛每个月都能超额“完成任务”，因为即便是突然得到一笔“意外之财”，比如公司发的补助或者奖金，吴涛都会毫不犹豫地存入自己的存款账户，这几乎已经成了一种习惯。

林璐璐和吴涛就是两个拥有完全不同消费习惯的女人。习惯花钱的林璐璐，虽然月收入高，但只要不改掉她随意乱花钱的毛病，她是根本无法积累下财富的，毕竟花钱比赚钱容易得多。而吴涛就是一个习惯存钱的人，虽然她的月收入还不到林璐璐的一半，但她的存钱习惯能让她的财富一直保持持续增长。这样下去，再过几年回过头来看，吴涛的个人“财富值”必然是会超过林璐璐的。

所以说，财都是“存”下来的，不懂存钱的人，一辈子都难以拥有自己的“财”。想要积累财富，成为有钱人，总是有着超强购物欲的“千手观音”们就必须要改掉自己的消费恶习。从现在开始，让存钱变成你的一种生活习惯，并将这种习惯根植到你的灵魂深处。一个好的习惯，往往会给你带来意想不到的惊喜，甚至彻底改变你的人生。

那么，我们要如何才能将存钱培养成一种生活习惯呢？

第一步：定时存款

想要培养一种习惯，关键就在于要先反复、定时地重复去做一件事，做得多了，自然就养成习惯了。就像每天早起，一开始可能是比较困难的，但是如果每天你都强迫自己在同一时间起床，久而久之就会形成生物钟，之后就算没有闹钟的辅助，到了起床时间，你也会自然而然醒来。

存钱也是一样，要培养存钱的习惯，我们首先就要强迫自己进行定时存款。为了保证有钱可存，通常可以把这个时间定在每个月的发薪日。拿到薪水之后，先粗略计算一下自己的日常消费，然后根据自己的实际情况，定一个存款数额，以后每到发薪日，都强迫自己将这笔钱存入一个特定的存款账户。

第二步：为取款增添难度

很多人存不下钱，通常都是因为难以控制自己的购物欲望，即便将钱存入了特定账户，也会不由自主地取出来花掉，这样存款也就失去了意义。所以，为了尽可能避免这种情况发生，我们最好能想方设法地给自己增添一些取款难度或障碍。

曾经有银行对顾客展开过一项问卷调查，询问顾客都是以什么样的标准来选择银行。在这项调查中，有超过70%的人表示，会选择网点设置较多、又近又方便的银行。

所以，我们不妨反其道而行，为存款账户选择一个不方便我们取钱的银行。这样一来，每当我们产生取钱冲动的时候，都能有一些障碍来阻挡这种冲动，为我们找回理智留出了时间，以保证存款的“安全”。

第三步：试着每个月再多省下100元，并坚持下去

当你能够习惯定时去存款，并且坚持不动用存入的钱时，不妨再试着从日常消费中每月省下100元。100元不是一笔多大的数目，可能就够你和朋友出去吃顿饭，或者做个指甲、做次头发，它不会对你的生活造成太大影响，所以，尝试着从日常消费中把这100元钱省出来，这并不是一件很难的事情。

让存钱变成一种习惯，
花钱之前多考虑一分钟。

利用这每个月省出来的100元钱，我们可以考虑在投资方面“试试水”，比如参加某个基金定投计划，并一直坚持下去。试想一下，如果你能一直坚持，到10年、20年、30年甚至40年以后，你将累积多大的一笔财富啊！

请记住：习惯的影响力是非常巨大的。当你能将做一件事情变为一种习惯之后，你会惊讶地发现，它其实并不像你想象的那么难。

如何为家庭
制订存钱方案

一个人的时候，存钱也好，花钱也好，都要简单得多，你只要顾好自己就万事无忧了，就好像人家说的“一人吃饱，全家不饿”。但有了家庭之后就不同了，你除了要考虑自己的消费安排、存钱目标，还得考虑家庭成员，以及整个家庭近期的安排等等。所以，掌管着家庭财政大权的女主人们，绝对应该好好学一学，到底怎么算好家庭这本账，如何积累起能为家庭保驾护航的财富。

作为一个基本的消费单位，每个家庭在财务分配上都应该进行科学、合理的安排。通常来说，大部分家庭的主要收入来源是男主人和女主人，但在家庭花销方面，除了考虑男主人和女主人之外，还有老人和孩子，因此，一个家庭的收入算起来是非常有限的，必须保证让每一分收入都花在恰当的地方，发挥出最大价值。

存款是一个家庭抵御风险和意外的保障，处于不同发展时期的家庭在制订存钱计划时也应该有不同的侧重点。比如那些还处于家庭形成期的“年轻”家庭，一般是指在结婚之后孩子出生之前这段时间。在这一时期，通常夫妻的经济状况都比较一般，收入不算高。同时，新夫妻还面临着买房、买车或者生孩子的压力，所以生活压力会比较大。

处在这一时期的家庭，应该以储蓄为主，可以适当选择一些投资增加收益。选择储蓄种类时，可以多选择一些利率较高的定期存款，留下少量活期存款应付日常需求。

而那些处于家庭稳定期的“成熟家庭”，也就是从孩子开始上小学一直到他大学毕业这段时期。在这个阶段，孩子的花销是相对较大的，除了正常的日常开销之外，学费、杂费、补习班、兴趣班等等，各种各样的费用层出不穷。为了保证家庭的正常运转，在这一时期应尽量减少投资比例，适当提高存款数量。此外，由于家庭情况有这一时期基本上已经稳定了，不会有太大变动，因此可以考虑进行一部分较为长期的存款或投资，为家庭未来的发展作准备。

但不管你的家庭处于哪一个发展时期，想要更好地规划家庭经济，做好财富积累，就一定得做好整个家庭的消费开支规划。

一般情况下，一家人的经济开支可以划分为五大类，只要做好这五大类的开支安排，就能掌控好整个家庭的财务状况。

第一类：日常生活开支

日常生活开支是每个家庭维持正常运转的基础，这些日常支出包括房租或房贷、水电、煤气、食品、交通、保险以及任何一笔与孩子有关的开销。在建立任何存钱目标或计划之前，我们都必须先确保家庭正常生活不会受到影响。

如果大部分家庭成员都有经济来源，那么可以考虑为家庭设置一个专门的公共账户，每个人每月拿出一个相对公正的份额存入该账户，以负担家庭日常生活开支。为了确保这个公共账户能购很好地运行，所有家庭成员都必须谨慎对待，不能随意使用这笔钱。

此外，在计划每月存入公共账户的资金数额时，一定要确保这笔钱足够支撑整个家庭的正常运转。而且，最好能让这笔资金总额占到家庭总收入的35%或40%。

第二类：家庭建设开支

随着家庭收入的增长，生活质量的提高，每个家庭在一定时期内都需要做一些“建设”，比如购置一些新的家庭大件消费品，如冰箱、彩电等，或者为未来买房、装修等准备。这部分开支都可以称为家庭建设开支。这笔开支通常不会频繁使用，但每次有需要时数额都会比较巨大，因此，可以考虑每月拿出家庭固定收入的20%来进行存储，作为家庭建设开支的资金。当然，这笔资金你也可以按照实际需求灵活安排，如果一直用不到，那么它同样可以作为一笔灵活的家庭储蓄。

第三类：文化娱乐开支

文化娱乐开支是每个现代家庭都应该设置的一笔开销。在紧张的工作之余，全家人一起举行一些活动，不仅可以缓解工作、生活带来的压力，对于家庭成员之间的感情维系也有重要意义。因此，这部分开支是绝对不可以少的。

家庭旅游、听音乐会、看电影、看球赛、郊游、看书等等，凡是全家一起参与的体育、娱乐及文化方面的消费都属于文化娱乐开支范畴。至于这部分开支的预算，大家可以根据各自家庭的实际收入情况来考虑。但只要家庭收入能够负担得起的，建议大家不要太“小气”，正常的文化娱乐不仅能够让你的家庭更加和谐美好，也能提高家庭生活的幸福指数。因此，这部分开始的预算可以占到家庭固定收入的10%，甚至扩大到15%也是不错的。

第四类：投资理财开支

投资理财绝对是资本增长的必要手段，因此为了加快财富的积累，每个家庭财务的“掌舵人”都应该对投资有所了解。投资的种类有很多，比较稳妥的有储蓄、债券等，风险较大的有基金、股票等。此外，收藏邮币卡、艺术品等也属于投资方式的一种。

如果是普通家庭，建议拿出家庭固定收入的20%作为投资资金较为适宜。至于投资什么方向，主要还是根据你个人对投资产品的了解，并结合你的金融知识、兴趣爱好以及风险承受能力等进行选择。如果暂且还没有找到合适的投资方式，那么这笔资金也可以先作为储蓄保存下来。总而言之，家庭投资需谨慎，宁愿慢一点、稳一点，也不要盲目求快。

第五类：抚养子女及赡养老人开支

这部分开支可以说是为了防患于未然而设立的。人生无常，尤其是在你有了孩子且父母步入老年之后，你的家庭就需要储备这样一笔资金作为支撑。因此，在每个月的理财规划中，都应该拿出这样一笔钱存下来，作为未来家庭生活的保障。建议这笔资金的数额占家庭固定收入的10%左右，具体比例也可根据各自的实际情况进行调整。

在任何一盘游戏开始前，

如果我们能够对它的一切情况都了如指掌，

做到“知己知彼，百战不殆”，

制订出完美的“通关计划”，

那么必然能成为“游戏”的大赢家。

理财如是。

女人“薪事”：

“薪”情不佳，另想赚钱之法

据不完全统计，在职场人士中，有近75%的人都面临着“薪”情不佳的情况，而女性所面临的这一问题尤其严重。

薪水是一个人能力的外部体现，而能力则是一个人综合素质的反映。因此，要想提高薪资待遇，就必须从提升个人的综合素质开始做起。给能力“镀金”，给头脑“充电”，充分利用闲暇时间发展“第二职业”……请记住，机会都留给有准备的人，想要抓住财富，就收起抱怨，用行动开拓“钱途”，用智慧打通“钱路”。

没有穷女人，只有懒女人

让我们来看一组数据：

女人的平均薪资比男人低25%；

女人一生中平均有14.7年无法正常工作，而男人只有1.6年；

大部分城市的离婚率都超过30%；

50岁以上的女人中有47%是单身；

在老年贫困人口中有3/4是女性；

85%的单亲家庭都是由女人独自支撑的；

90%的女人在一生之中都必须独自承担自己的经济压力，而其中有79%的女人都没有做好准备……

亲爱的女性朋友们，看到这些数据，你还能轻松地笑着戏谑自己天生就是“理财白痴”吗？你还能心安理得地把自己一生的幸福寄托在男人身上吗？你还敢继续懒惰，让别人掐住你的经济命脉吗？女人啊，长点心吧，投资男人不如投资自己。要知道，比起男人，女人更需要理财，唯有牢牢掌握住属于自己的财富，女人才能优雅从容地度过生命中每一个阶段。

世界上没有天生的穷女人，有的只是不做理财的懒女人。那些总是叫嚷着自己天生“财商”低、天生就不会理财的女人，不过是在为自己的懒惰找借口罢了。你或许天生不够聪明，你或许天生不够漂亮，你或许确实对金钱不够敏感，但请记住：你是否能够学会理财，绝对不是由先天基因决定的。

“财商”靠的是后天培养，你不需要有数学天赋，你也不用去学习复杂的方程算法，只要能玩转简单的加减乘除，就能很好地进行理财。即便你连加减乘除都不擅长，那也没关系，你还有计算器啊！

很多女人对投资理财的认知都存在盲点，总以为一提到理财，就意味着一大堆令人头疼的阿拉伯数字和数学符号，因此，她们常常还未正式踏上投资理财之路，就已经吓得退缩了。

勇敢一点吧，女人们，作为新时代的现代女性，除了做知道消费的“喝星巴克的女人”之外，你也可以成为懂理财、对人生有规划的“买星巴克股票的女人”！只要克服对理财的恐惧，勇敢踏出第一步，你会发现，理财并不像你想象的那么难。

恐惧一：对自己缺乏信心

很多女人之所以会谈理财就“色”变，主要是因为对理财没有正确的认知。她们认为，理财就是枯燥又复杂的数字分析和经济分析，这让天生就对数字不敏感的众多女人望而却步。一方面，她们对此实在提不起兴趣；另一方面，她们对自己也缺乏信心，认为自己根本不可能做好理财这件事。

但实际上，投资理财并不需要多么专业的数学知识，它不仅是一门技术，同时也是一门生活艺术，只要你勇敢地踏入这个门槛，认真去学、去做，那么在收获财富的同时，相信你也能收获别样的乐趣。

恐惧二：对投资缺乏安全感，害怕承担风险

女人通常比男人缺乏冒险精神，她们偏于追求稳定和安全。因此，有不少女人宁愿把钱安安稳稳地放在身边或存入银行，也不愿意冒风险去进行其他的投资。

投资确实存在风险，但这种风险实际上是可控的，它与赌博不同，只要摆正心态，正确操作，任何投资都能将风险控制在一定范围内。

恐惧三：认为自己没有多余的时间进行投资理财

现代女性的生活压力是非常大的，尤其是那些已经拥有家庭的女人，她们不仅要忙于上班，还要拿出时间照顾家庭，生活的时间表总是排得满满当当。因此，她们总认为，自己根本抽不出时间进行理财。

事实上，扪心自问，亲爱的女人，你是真的抽不出时间，还是因为一时的懒惰而不愿意动手动脑呢？时间就像海绵里的水，挤一挤总还是有的。你总是觉得很累、很疲惫，可亲爱的女人，难道你不想咬咬牙，彻底改变这种疲累的生活模式吗？每天只需要抽出一小部分时间，坚持去做投资理财，随着财富的不断积累，你的人生将会发生质的改变。不要再懒惰下去了，下定决心，迈出改变人生的第一步吧！

恐惧四：认为自己缺乏相关的专业知识，不易成功

虽然说想要做好投资理财不一定非得成为数学家或经济学家，但要想真正做好这件事情，基本的专业知识是绝对不可少的。很多女性正是因为对这些相关的投资理财知识毫无兴趣，一无所知，以致在投资中频频失利，甚至陷入各种经济骗局，从而逐渐对投资理财失去了信心。

与那些情节跌宕起伏的电视剧相比，理财知识确实枯燥乏味得多。但是，电视剧除了帮你打发一段无聊的时光之外，它能改变你的人生，让你的生活越来越丰富多彩吗？不，它不能，但理财知识可以。因此，问问自己，如果这些无聊的理财知识能够让你的生活变得更加美好，能够让你从财务困局中获得解脱，能够让你更加随心所欲地支配金钱，你还会觉得它无聊、无趣吗？

自信地去学理财，然后大胆地
去实践，因为手握财富才能掌控人生。

任何收获都是以付出为前提的，想要实现人生的蜕变，就必须付出相应的努力。关掉电视，远离肥皂剧和娱乐新闻，多买几本财经方面的书籍看看吧，不少通俗易懂的财经书籍阅读起来并不像你想象中那么乏味。多关注关注财经新闻，多浏览一些理财方面的网站，每天只需要抽出一点点的时间，坚持下去，你就会学到很多与理财相关的知识。

作为“压力山大”的新时代女性，想要活得优雅，过得从容，就必须为自己建立起坚实的经济基础。要记住，手握财富，才能掌控人生。

自我镀金，提高持续赚钱能力

在某个都市喜剧中看到过这样一个情节：

35岁的女白领A小姐被朋友拉去婚姻介绍所，一开始A小姐自信满满："我长得漂亮，身材好，学历高，工作又稳定，月收入过万，名下有房有车，想找个优质男还不容易？"

结果，没想到婚介所负责人却抽出了一张"女人价值图表"，对A小姐说道："你看这个女人价值图，16岁的时候呢，女人的价值是直线上升的，到了20岁时就达到了最高点，到25岁以后，就开始每况愈下了，到35岁，那就会开始戏剧性地急跌，等到40岁的时候，女人的价值就接近0了。所以你看，你现在已经35岁……"

这样的情景大概会让所有女人都感到非常愤怒吧，女人又不是商品，怎么能如此待价而沽呢？但不得不说，岁月对于女人而言，确实是把"杀猪刀"，当你年轻貌美韶华正好的时候，不论是嫁人还是找工作，似乎都要容易得多。哪怕你没有学历，没有技能，只要五官端正，找个地方打打工容易得很。可当你年岁渐长时，如果依旧没有学历，没有技能，那么恐怕连想随便找个地方打打零工都困难得很了。

现实是残酷的，对于女人尤其如此。所以，女人想要成功，想要保证在社会上的竞争力，就必须不断进行自我镀金，提高自我价值。让随着岁月日渐增长的，除了年龄之外，还有实力，唯有如此，女人才能一直升值，在生命的每一个阶段都活得精彩。

罗老师大学毕业之后就进入了当地的一所高中教书，一干就是二十几年，收获了无数的荣耀。近几个月，年近50岁的罗老师突然跟正在上大学的儿子学起了电脑，说是要与时俱进，也给班上那帮学生做点PPT来讲课，调动他们的学习积极性。

对罗老师来说，电脑是个新东西，以前从来没摆弄过，单是学习简单的开机关机就重复了好几次，更别说什么打字、上网、做PPT了。

罗老师的同事李老师和她同龄，同样也做了二十多年的老师。看着罗老师这么辛苦，李老师就劝她说："老罗，咱都是快退休的人了，眼睛不好使，打字也不像年轻人那么灵活，还整这些东西干什么？再说了，这拿着粉笔在黑板上写字都教了二十多年了，不也能教出好学生来么，何必非跟自己过不去啊？"

罗老师却也反过来劝李老师说："老李，这东西好用着呢，你也应该学学，与时俱进一下。现在那帮孩子，就兴玩这个，咱可不能服老，必须得跟上时代。"

不久之后，学校响应信息化教学改革，在老师中举办了一场"flash课件教学大比拼"，令人意外的是，最后夺魁的不是那些年轻的老师们，而是已经年过半百的罗老师！

后来，不少年轻的老师们甚至都会常常来向罗老师请教制作电子课件的问题，而学会了使用电脑的罗老师也通过网络了解了不少当下年轻人的流行文化，学生们和她交流起来完全不会感觉有"代沟"，罗老师也成了学校的"明星教师"，深受学生和家长的欢迎。

在这个社会上，人都是有"标价"的。你的外貌、身材、年龄、学识、经验、性格、爱好……每一项都有不同的价值，这些东西综合在一起，就是你这个人在社会上的“标价”，而“标价”的高低则决定了你的竞争力。

但这个“标价”也是一直在浮动改变的。对于女人来说，外貌、身材、年龄等等，都会随着时间的增长而逐渐贬值。这种说法很残酷，但这就是现实。在这样的情况下，想要保持甚至提升自己的竞争力，就必须不断提升其他方面的价值。

无论在哪一个时代，社会资源总是向强者靠近的，财富的分配同样如此。你的“标价”越高，就意味着你的赚钱能力越强，你能够获得的财富也就越多。

在这个日新月异的时代，女人最强大的竞争力无疑就是“知本”，也就是知识资本。对于女人来说，无论是外貌、家世还是交际手腕，都可能存在保鲜期，唯有“知本”能让你一生受用。不管是工作还是投资理财，知识的作用都是至关重要的，可以说，知识本身就是一笔财富。社会发展得那么快，不能与社会共同进步的人，终将会被时代所抛弃。

从生理条件上来说，与男人相比，女人确实天生就是弱者。因此，女性最具竞争力的，不是蛮干的力气，而是知识与智慧。而知识与智慧是需要不断学习、不断积累的。它是女人永远都探索不完的财富，是女人一生都汲取不完的养分。

如果你还年轻，就多给自己充充电，因为年轻和美貌的保鲜期并不长久；如果你已经步入中年，就更需要给自己镀镀金，让你的魅力能在时光的流逝中多添一份醇厚；如果你已经迈向衰老——不，别让自己接受衰老！请记住：虽然我们无法阻止身体的衰老，但我们能让灵魂青春永驻！

那么，女人应该如何给自己镀金，不断提高自己持续赚钱的能力呢？

我们可以从两个方面开始做起：

1. 多读、多看、多学，不断汲取知识

无论是工作方面的知识，还是投资理财方面的知识，女人都应该多多学习，这是提高赚钱能力的最有效途径。

2. 找出自己的一技之长

除了工作之外，女人可以试试多方面发展，找出自己的一技之长，从而培养第二“赚钱技能”。比如有的女性喜欢打扮化妆，那么不妨多学习一些这方面的知识，将这一爱好变为能够创造财富的技能；再比如有的女性颇具语言天赋，那么不妨深入进修一下，让这一特长成为能够赚钱的工具。

提升你的身价，而不仅仅是控制身材

有人说，最动人的情话莫过于：“我负责赚钱养家，你负责貌美如花。”不少女人也确实是这么做的，一进入婚姻之后，就放弃了自己的事业，安心在家“貌美如花”，把老公当成了一张“长期饭票”。

但是，只负责“貌美如花”的女人，幸福真的有保障吗？

很多人都羡慕邱宁，觉得她非常幸运，一毕业就能嫁个会赚钱的老公，自己安安心心在家做全职太太。

确实，一开始邱宁自己也是这么认为的，就像很多人说的，做得好不如嫁得好嘛。作为女人，一生最重要的事情，不就是拥有一个幸福的家庭吗？而且老公能赚钱，幸福家庭就有了一半的保障了。

邱宁毕业于名牌大学，早在毕业之前，就已经有不少公司向她抛出橄榄枝了，但邱宁却认为，反正老公的收入高，足以让自己一辈子衣食无忧，又何必去为微薄的薪水奔波劳碌呢？作为女人，负责貌美如花不就够了！

然而，美好的憧憬并未成为现实。邱宁的老公虽然有钱，收入也很高，但他是个节俭的人，他非常反对邱宁动不动就买几千块的大衣、几万块的包，他认为这是一种挥霍浪费的行为。而邱宁呢，由于没有工作，生活中唯一能干的事情就是做家务，以及出去逛街、约会、旅游，这些项目都需要钱啊。每次一花得钱多了，她就得听老公喋喋不休的抱怨。于是，家庭矛盾就这样产生了，夫妻俩常常因为钱的事情吵得不可开交。

在婚姻生活里，无论你处于什么样的地位，当你不再经济独立，开始伸手向另一半拿钱时，你必定会失去一部分的独立自主权。就像邱宁，她需要依靠丈夫的钱来维持自己的生活，那么就必然会在某些方面受制于他。

试想一下，当你在商场看上一件衣服，当你因旅行社的宣传而动心想去旅行，当你为增添自己的魅力想去报个瑜伽班……你是想打开自己的钱包，不询问任何人，就能自由支付这些费用呢，还是想去撒娇、卖萌，以“祈求”别人为你付账呢?

而且，在离婚率高居不下的现代社会，婚姻也充满了变数，你永远不知道自己会在什么时候遭遇背叛和伤害。不少传统女性认为，女人一生最大的成就就是为家庭牺牲奉献，女人最重要的技能就是要懂得留住老公的人和老公的心。于是，负责“貌美如花”成了不少女人毕生的追求。为了抓住男人的心，她们极为“辛苦”地控制着自己的身材，但她们偏偏忘了提升自己的身价。

任何一个人在社会上都是有“标价”的，而在女人“标价”的组成部分中，变数最大且最容易贬值的，就是容貌与身材。女人想要永葆价值，甚至随着年龄的增长不断增值，就必须提升自己的内涵、学识、经验等方面，只有这些东西才是岁月拿不走的，是真正属于你的自我价值。

作为一个现代女性，最重要的技能不是让男人离不开你，而是即便这个男人离开，你也能昂首挺胸，活得更好。所以，女人要变得理性起来，尤其是那些拥有赚钱能力的女性，不要因为一时的懒惰，更不要因为一句所谓的“我养你”，就把自己的幸福完全寄托在另一半身上。爱情是随机的，婚姻是现实的。你永远不知道随机的爱情能持续多久，但任何人都能看到，现实的婚姻究竟有多么危机四伏。

我曾在一个快餐店看到过这样一个场景：

一对情侣在排队等点餐，女人抱着男人的手臂嗲声嗲气地说："老公老公，上次看到的那个包包在打折，你什么时候给我买呀？"

男人一边看手机一边漫不经心地说："前几天不是刚买了一个包包吗？怎么又要买？你那么多包，背得过来么！"

女人嘟着嘴，不依不饶地继续说："怎么啦？还说要养人家，人家就买个包包你也不乐意，人家想打扮漂亮点，还不是为了让你有面子。老公，人家真的想要那个包包嘛！"

男人不耐烦地皱着眉："整天就知道买买买，真以为钱是天上掉下来的啊！"

看着男人一副快生气的样子，女人一边抱紧男人的手臂，一边凑到他耳边甜腻腻地说："老公，人家真的很喜欢嘛，你答应会一辈子疼人家、爱人家的……"

每次回忆起这一幕场景，我都会感到很纳闷，被男人"养"，想要什么东西，都得向男人"摇尾巴"，这样的生活，女人真的感觉幸福吗？这种"养"和养一只猫猫狗狗有什么区别呢？你养一只宠物，再怎么疼爱它，对它好，付出再多的感情，从地位上来说，它也永远都是宠物，是低你一等的存在。你高兴了，逗弄它，给它买好吃的东西好看的衣服，你不高兴了，随时可以把它丢到一边。而作为宠物呢，想要好吃的东西，想穿好看的衣服，主人不主动给买，就只能去主人脚边撒娇卖萌，摇尾乞怜。

无论在什么样的关系中，你想要获得别人的尊重和重视，就得先和别人处于同等的地位上。换言之，就是你的身价得能入得了别人的眼，让人看得过去。美丽容貌是女人的外衣，经济独立是女人的底气。没有足够的底气，不管你穿上多么华美的衣服，也无法成为真正的公主。

所以，女人啊，在管理你的身材和容颜的同时，别忘了提升你的身价。一个女人一生最大的骄傲，不是嫁了多么疼爱自己的老公，也不是养了多么有出息的孩子，而是能够在任何时候，即便离开任何人，都依旧能活得优雅从容，这才是一个女人最大的成功。

没事刷刷朋友圈，忙里偷闲做微商

除了本职工作之外，不少人都有自己的“第二职业”，有的人“第二职业”所获得的收益甚至可能远远超过自己的本职工作。可也不是所有人都能轻松拥有“第二职业”，尤其是女人，与男人相比，除了工作之外，女人往往需要为家庭付出更多的时间和精力，有了孩子之后就更是如此了。

我接触过很多已经结婚生子的女人，她们几乎都认为工作和育儿是无法兼顾的。你想要好好照看孩子，就不得不牺牲自己的工作，这几乎是所有妈妈们都面临的情况。即便家庭中有人能够帮你一起分担照顾孩子的重任，让你能够和从前一样继续上班，你也别想着再抽出时间去干点别的事情。

确实，照顾孩子和家庭所需要付出的时间和精力都是难以想象的，尤其是在孩子的成长过程中，父母的影响和作用更是不容小觑。但是，现在随着网络通信科技的发达，不管工作有多么繁忙，即使身兼照顾家庭和孩子的重大责任，你都有机会发展属于自己的“第二职业”了，那就是——微商。

全职妈妈何晓娟就是一名微商。

何晓娟原本在一个房地产公司做房产经纪人，结婚一年之后，她就生下了儿子球球。何晓娟的母亲去世得早，婆婆身体又不好，为了更好地照顾球球，何晓娟和丈夫商量之后就辞了职，专心在家做全职妈妈。

虽然丈夫对何晓娟很好，把工资卡也直接交到了何晓娟手里，但家里各项开支确实不小，加之始终不是自己赚的钱，每次想买点什么东西，何晓娟都要在心里一遍遍地盘算。好几次何晓娟都想出去继续工作，或者找个兼职做，但一想到年幼的球球，何晓娟只好选择放弃，毕竟什么都没儿子重要啊！

在照顾球球之余，何晓娟最大的娱乐消遣活动就是玩手机游戏，用手机微信和朋友同事聊聊天。有时候由于朋友同事都在上班，没多余的时间和何晓娟聊天，何晓娟就加入了几个育儿主题的微信群，聊来聊去，还真认识了不少的“聊友”。

在微信群里，妈妈们都会分享一些自己用过的婴幼儿产品，其他人看了觉得好，也会自己去购买或者让分享的妈妈帮忙代购。一来二去，何晓娟发现，通过这种方式进行产品销售，似乎还挺有“市场”。

发现这个商机之后，何晓娟开始通过微信群给大家分享一些自己用过的不错的产品，然后组织团购，和商家谈价钱，然后自己从中收取一部分“中介费用”。后来，在朋友的推荐下，何晓娟接触了几个直销品牌，并选择了一个她认为产品质量最有保障且价钱实惠的品牌，正式走上了做微商的道路。

如今，何晓娟在微商圈里已经小有名气，收入比上班时还要多。更重要的是，她可以足不出户，一边照顾儿子球球，一边拿着手机就把生意做成了。

对于女人来说，为了家庭和孩子牺牲自己的工作，看似确实很伟大，但结果往往可能不尽如人意。一方面，女人放弃工作之后，就意味着家庭的收入会减少，这样一来，丈夫的压力必然会增大，长此以往，很有可能会造成夫妻关系的不和谐。另一方面，女人放弃工作之后，生活将会逐渐和社会脱节，当有一天再想融入社会的时候，就会非常困难。此外，当女人的生活范围局限在“家庭”时，所接触到的事物必然也会越来越单一，和一直在工作的丈夫难免会减少聊天的话题。因此，即便拥有了家庭和孩子，只要能继续工作，还是建议女人们继续工作下去。

当然，很多时候生活都是无奈的，不是我们想做什么就能去做什么。就像何晓娟，因为没有任何人能够帮她一起分担照顾孩子的重任，即使再想工作，为了孩子，她也必须做出一定的牺牲。但即便如此，也并不意味着你就彻底失去了工作的机会。这是一个充满奇迹的时代，科技的发达为人们提供了无限的可能，网络的世界拉近了每个人的距离，让相隔天涯的人，也有了互诉衷肠的机会。不管你是工作繁忙的职业女性，还是需要整天围着孩子打转的全职妈妈，只要有手机、有网络，你就可以拥有自己的小生意，找到自己的第二职业。

做微商已经成为了一种流行时尚，只要会玩手机，会聊天，人人都能做微商。但想要做好微商也不是件容易的事。

首先，你应该明白，微信的营销模式与淘宝之类的购物网站是完全不同的。淘宝就像是一个集市，在淘宝上，你可以通过搜索某个目标产品，对比各个不同商家所售卖的该产品的情况。但微信不同，微信是个封闭的平台，没有搜索，没有竞价，换言之，做微商，如果你没有好友，那么不管你手里拥有多好的东西，都是卖不出去的。因此，千万不要用淘宝思维做微商。

其次，从营销手法上来说，其他的购物网站都有第三方交易平台作为保障，比如淘宝就有支付宝作为保障。但微信不同，它是通过朋友圈的信任关系来实现交易的，因此，做微商对信用情况的要求要更高。

第三，微信能加的好友数目是有限制的，因此在没有竞价和排名的情况之下，如何寻找目标客户，添加精准好友变得非常重要。换言之，在你的朋友圈中，100个精准客户的价值要远远高于1000个“僵尸粉”，毕竟“僵尸粉”是不能给你带来收益的，再多的“点赞”也比不上一单交易更重要。

第四，作为一名销售者，你必须主动热情地去寻找客户，推荐产品，不要总指望着客户会自己找上门。但也要记住，不要有事没事就搞消息推送，太过频繁的叨扰往往会引起对方的反感，甚至把你拖入“黑名单”。

最后，一定要记住的是，管理好自己的朋友圈。当你添加一个新的客户时，对方往往正是通过观察你的朋友圈内容了解你。对微商而言，朋友圈就像店面的商品展示柜，朋友圈里发什么样的内容，对于是否能够吸引客户并让其产生购买欲是相当重要的。需要注意的是，千万不要搞“疲劳轰炸”，太过频繁的“刷屏”很可能会让对方把你屏蔽。

女人就得会“算计”

女人和男人相比，最大的区别就在于女人更感性，而男人往往更务实。在面临困境的时候，大部分男人通常想到的是如何根据现实条件去冲破困境，而大部分女人却往往可能陷入情绪低潮中无法自拔，甚至萌生出“一切都是天意”这种“宿命”理论。

与男人相比，女人确实更容易相信“命中注定”这回事，如果你注意观察，一定会发现，光顾那些算命摊、沉迷于各种风水运势饰品、对星座深信不疑的，通常都是女人，男人很少会去关注这些事情。不管是爱情也好，事业也好，人生也好，女人也常常会比男人更爱感叹所谓的“命运”。

但认真想一想，那些成功的女人，真的是靠“运数”才取得令人羡慕的成就吗？你觉得可能吗？不说别的，就看看那些活跃在大荧幕上的女明星，一个个花容月貌，身材窈窕，难道都是天生丽质吗？记得曾经看到过一个采访，某知名女星说自己最爱的零食就是巧克力，但她上一次吃巧克力已经是三年前了，因为害怕发胖，只能放弃自己最爱的美食。

成功是需要付出代价的，想要获取财富也是如此，如果总想着把未来交给所谓的“命数”，你就只能永远是个失败者。哪怕有一天真的交了好运，记住：好运气也有用光的时候。所以，女人啊，一定得会“算计”，财富不是天上掉下来的，而是需要你一分一毫去“算计”来的。

廖小蓉就是个很会“算计”的女人，无论做什么事情，都能被她“算计”到赚钱上。按她自己的话说就是：“我喜欢钱，所以不管看到什么，脑子里第一个反应都是，能不能赚钱。”

比如，她在公司年会上抽奖抽到了公司提供的香港免费游，她立马就跟各部门的女同事联系，答应帮她们代购各种化妆品、服饰和电子数码产品等等，记了长长的一串清单。结果，廖小蓉不仅免费去香港玩了一圈，还因为帮同事们代购东西，得到了不少“辛苦费”。

再比如，在朋友的生日宴会上，廖小蓉偶然听说朋友的哥哥有渠道，能以较低的价格拿到澳洲顶级和牛的货源，当时不少人都表示，想私人向朋友的哥哥购买一点。而廖小蓉则记下了朋友哥哥的联系方式，没过多久就帮开西餐厅的堂叔搭上线，让堂叔从朋友哥哥这里进口和牛。至于廖小蓉自己，当然也从中挣到了不少“辛苦费”。

还有一次，廖小蓉的表姐因为和老公吵架，一气之下离家出走，投奔了廖小蓉。在安慰表姐的过程中，廖小蓉得知，表姐夫家正在筹备一条新鲜蔬菜配送的物流路线，正巧在廖小蓉家附近也设了一个点。廖小蓉一边帮表姐和表姐夫调解夫妻矛盾，一边积极打听蔬菜配送生意。最后，表姐和表姐夫和好了，廖小蓉也如愿入股了几万块到表姐夫家筹备的蔬菜配送物流生意上，顺便还帮一直赋闲在家的姑姑找到一份工作——负责管理廖小蓉家附近设立的那个配送点。

看看廖小蓉，你敢说她赚到钱凭的全是运气吗？抽中香港免费游的确是好运气，但如果这个好运气降临在你身上，你会想到可以顺便做代购赚点辛苦费吗？还是高高兴兴收拾行李就去玩乐了？在朋友生日宴会上，知道朋友哥哥有进口便宜和牛渠道的人不只廖小蓉一个，可大多数人想到的，仅仅只是可以利用这一点买些便宜的和牛自家吃。至于表姐夫的生意，试想一下，当我们在聊家长里短，八卦这家的老公、那家的孩子时，有多少人能从中注意到一些有用的信息？

财运都是“算计”来的，这个世界上，财富遍地都是，可很多人都缺少发现财富的眼睛。这其实也正应了那句话——“吃不穷，喝不穷，算计不到就受穷”。女人想赚钱，一定得会“算计”，你得去发现商机，你得知道自己能干什么，会干什么，然后去规划，你要学会利用自己拥有的条件和资源去换钱。不管是谁，或多或少一定都曾交过好运，只是有的人会“算计”，牢牢抓住好运，狠狠赚了一大笔；而有的人却懒得“算计”，为这好运气欢欣雀跃，过后什么都没留下。

传媒大亨默多克的前妻邓文迪，听说过吧？她从耶鲁大学商学院毕业后，在飞往香港的航班上，恰好坐在了默多克新闻集团的董事Bruce Churchill旁边，于是在抵达香港之前就获得了一份实习生的工作。也因为在这次实习中邓文迪表现很好，最终成了该集团的正式职员。而在该集团工作期间，邓文迪认识了集团总裁默多克，最终迎来了她人生中最大的转折。

邓文迪的确是有好运气：想找工作，立马就能在飞机上遇到个集团董事；有了工作，一举就把老板“拿下”了。但仅仅凭借运气，邓文迪真的能走到今天吗？回想一下，你坐了这么多次飞机，你知道坐在你身边的那个陌生人叫什么名字，是做什么工作的吗？你工作过的公司里，老板都能叫出你的名字，对你留下印象吗？

别傻了，姑娘。在这个时代，“傻白甜”已经过时落伍了，精明能干懂“算计”的女人才是新时代女性的标杆。你不争不抢不“算计”，难道坐着等别人把“财”送给你吗？“算计”不是个贬义词，不是让你不择手段地去夺取别人的东西，更不是让你在暗地里给别人使坏。“算计”是让你多长个心眼，有点计划，认真地想一想，不断探索和发展自己的潜能，抓住身边的商机，像廖小蓉一样，能把身边的资源都变成实实在在的盈利点。

网上开店，打开时尚新“钱路”

自从有了女儿之后，谢丹就做起了专职宝妈，一心在家带孩子。虽然说有女万事足，可有时候，看着以前的同事在朋友圈发的各种旅游照片和新买的衣服饰品，谢丹心里还是有些羡慕的。以前自己在上班的时候，收入也不算低，每个月花钱也都是随心所欲的。可现在呢，自己这份经济来源没了，家里又添了个小成员，再想像从前那样“潇洒”就困难多了。

为了给宝宝省下奶粉钱，谢丹加入了网购大军。在网上，只要肯花时间淘，常常能以非常实惠的价钱买到好东西。买了一阵子之后，谢丹又萌生了一个新的想法，既然能通过网络买东西，那自己是不是也可以像那些开网店的人一样，通过网络卖东西赚钱呢？

有了这个想法之后，谢丹就开始琢磨，自己开网店能卖点啥。后来谢丹想到了自己的姑妈，姑妈开了个小店铺卖毛线，有编织毛线的好手艺。谢丹和姑妈商量之后，让姑妈编织一些小宝宝的服装饰品，自己则申请了一个网店，让女儿做“模特”。这一“试水”，产品很受欢迎，谢丹的小店就这样顺利地开起来了。

开始，谢丹开网店也就是想打发打发时间，可没想到店里生意这么好。编织毛线是要花很长时间的，而且就靠姑妈一个人，生意发展规模毕竟有限。思来想去，谢丹决定把自己的小网店打造成一个专门售卖儿童用

网上卖东西，

解决三个问题最关键：

选产品，找货源，促销售。

品的店。经过一番努力，谢丹通过以前的同事和一家童装生产厂家搭上了线，包下该厂家所生产的一些大牌原单童装放到网店里去卖。现在，谢丹的网店在旺季时每个月纯利润已经达到了8000元，即便是淡季，每个月也能有两三千元的利润，简直比她上班赚得还多！

对于不少因为工作或家庭忙得脱不开身的女人们来说，网上开店绝对是省时、省钱又省力的赚钱新方法。在这个信息化的时代，网络无处不在，只要家里能上网，只要你的手机能连上WIFI，你随时随地都可以做生意。尤其是离不开宝宝的各位宝妈们，通过网络，哪怕足不出户，也能“网”罗天下财！

那么，如何才能开好一家网店呢？总的来说，要解决三大问题：选产品，找货源，促销售。只要把这三个问题解决好，网店想不火都难！

1. 选产品

在考虑这个问题的时候，一定要根据自己实际的兴趣爱好和能力来定，尽量避免涉足自己根本不了解的行业。同时，你也要锁定好你的目标客户，尽量从他们的角度去考虑，根据他们的需求来选择你售卖的商品。

一般情况下，你所售卖的商品价值越高，你所能获得的利润也就越大，当然，你也必须考虑自己具体的经济情况，酌情选择售卖商品。需要注意的是，因为网购涉及到邮寄的问题，因此，那些重量、体积较大，并且价格不高的商品，是非常不适合在网店进行销售的。

2. 找货源

在决定好卖什么商品之后，就要开始寻找货源。网店之所以能有利润空间，最关键的一点就是成本低。喜欢网购的人大多对价格非常敏感，因为网购可以让你非常方便地对不同店铺的同款商品进行比价，所以，想要在网店竞争中脱颖而出，并且获得可观的利润，掌握物美价廉的货源是非常重要的。

那么，到底怎样才能找到物美价廉的货源呢？

以服饰类商品为例，很多知名品牌在全国都是统一价格，但有的时候，根据不同的活动推广策略，不同的店铺会有不同的折扣和优惠。很多网店卖家常常会在换季或者特卖场里进行大批量淘货，然后再将买到的打折服饰囤积起来，过段时间，到应季时再在网上以所谓的“优惠价”转手卖出。

通过换季或特卖淘货寻找到的货源确实物美价廉，缺点是不够稳定。想要寻找到更加稳定的好货源，主要还是得多往批发市场跑。只要你肯下工夫，在批发市场里一定能发现许多不错的好东西，熟悉行情以后，如果能和商家建立稳定的合作关系，还能拿到更为便宜的批发价格。

需要注意的是，找到满意的货源之后，最好先少量进货试卖一下，尽量避免囤货。现在很多网店卖家和供货商的关系都很好，常常是先卖出商品之后，再向供货商拿货，这样就避免了资金的占用和商品的积压，对网店卖家来说是极好的优惠。

3. 促销售

网店与实体店最大的区别在于，实体店可以通过店铺装修、橱窗设计、商品样式等等多种东西来吸引路过的行人，但网店却不可以，网店具有一定的虚拟性，你必须想办法推广它，让更多的网友知道它，才可能吸引到顾客。

网店在新开张的阶段，主要任务就是提高人气和店铺的信誉度。以淘宝网一个皇冠级卖家的店铺为例，这样的店铺每天人气浏览量通常能达到几千，甚至几万，假设在这些人中，每10个人浏览就有1个人消费，那么这样的店铺每日成交量就能达到几百甚至几千笔，这个成交量是任何一个新手卖家都不可能达到的。新店铺缺乏知名度，因此推广是非常重要的。

在网络上推广，通常使用的方法就是发帖，和网友交流。如果你有经常光顾的论坛、贴吧，甚至QQ群、微信群等，尽可能地利用这些资源为你的店铺做广告，让越多的人知道它的存在越好。

除此之外，你还可以有目的地寻找一些同类商品的群，或者目标顾客群体的购物群，又或者有同种兴趣爱好的群等，去经营你的人气，和更多的人进行交流，推广你的店铺。此外，维护好你的博客、微博、校友录，总之，哪里人多，你就往哪里去推广。但需要注意的是，千万不要操之过急，以免引起别人的反感，造成反效果。

最后，与顾客的交流和店铺的售后服务也是至关重要的。在网络上沟通，别人只能看到你输入的文字和表情，所以即便你此刻是笑着的，但文字表达不好，也可能会引起对方的误解，认为你态度不好。另外，在售卖商品时，适当地赠送一些小礼品往往能取得不错的效果。礼品不需要太贵重，哪怕一颗糖，一袋花草茶包，也会让顾客感觉很开心。

债券：最美好的“天堂投资”

又怕担风险，又想多赚钱，怎么办？

这大概是很多女人每天都在问自己的问题吧。古人云：“鱼，我所欲也，熊掌亦我所欲也；二者不可兼得，舍鱼而取熊掌者。”世界上哪能什么好事都让你赶上啊！但还真有一种高性价比的投资，让你几乎不用担风险，还能收获不错的利润，那就是被不少投资者称为“天堂投资”的债券。

债券，顾名思义，指的就是一种有价证券，是社会各类经济主体为了向投资者们筹集资金而发行的一种债权债务凭证，按照约定，到偿还期后，投资者们能凭借债券收回投资本金以及按约定利率计算的利息。简单地说，债券其实就像是一种贷款协议，只不过是债券发行方向投资者进行“贷款”，到期后偿还本金和利息。

债券发行方一般包括国家、金融机构或企业等大型单位。由于这些“借款者”都有强大的经济实力，而且债券也受到法律法规的制约，因此投资债券几乎是没有什么大风险的。

根据发行方的不同，债券的种类主要有国债、地方政府债券、金融债券、企业债券以及国际债券。其中，国债是由中央政府发行的，堪称信誉最高的债券品种，也被投资者们称为“金边债券”；而地方政府债券则是由地方政府发行的，也称作“市政债券”，流通性相对国债来说要低得多；金融债券的发行方主要是银行等金融机构，利率和流通性较高；企业债券则是由各大企业发行的，也叫“公司债券”，利率虽然也高，但风险也比较高；国际债券是由国外的一些机构发行的，在日常理财中比较少见。

债券投资之所以一直受到投资者们的欢迎，主要在于它有以下特性：

1. 偿还性

债券是一种信誉度极高，且受到国家法律法规制约的“欠条”，按照规定，发行方必须在约定好的日期内归还投资者的本金和利息。

2. 流动性

债券具有一定的流动性，在持有期间可以进行转让和买卖，如有需要，还能用于贷款抵押，非常具有实用价值。

3. 收益高

债券投资的风险和银行储蓄差不多，但利率却要比银行储蓄高出很多。而且，在债券持有期间，如果债券票面价格上涨，投资者还能得到更多收益，而且即便遇到票面价格下跌的情况，只要继续持有，到偿还期时也是可以按照兑付利息顺利收回本金和利息的，收益很有保障。

4. 安全性

债券发行方通常都是信誉度高并且经济实力雄厚的经济体，因此相对股票和期货来说，债券的风险是相当低的。

对于投资者们来说，债券就是一种进可攻退可守的投资，不仅安全，还有很强的灵活性，自然让人趋之若鹜。

我的朋友安静就一直在投资债券。安静是个很不喜欢冒险的人，她的闲置资金绝大部分都是以储蓄的形式保存的，只拿出一小部分做基金投资。至于股票、期货这种回报率高但风险大的投资项目，她是绝对不碰的。

几年前，国家财政部发行了一种“通胀指数债券（I-Bond）”，年期长达30年。债券面值从100元起，最高到10000元。按照规定，每人每年最多可以购买30000元的债券。在作了一番了解之后，安静尝试性地购买了30000元的债券，投资期限为5年。这种债券的计息方式是以两种利率的总和来进行计算的，第一种是固定利率，为1.1厘；第二种则是按照通胀指数计算的浮动利率，大约3.56厘，比银行定期存款的利率还要高得多。

五年后，安静顺利取回了本金和利息，没有任何风险，也不用多操心，重点是收益可观。

难怪投资者们会将债券投资称之为“天堂投资”，它收益高还不用冒险，真是兼得了“鱼和熊掌”啊！不过，债券投资虽然好处多多，但是在正式进行投资之前，掌握一些技巧还是非常必要的。

技巧一：根据收益选择债券品种

虽然说不同品种的债券在风险性上也会有所差异，但总体来说，债券的风险和股票、期货等相比，简直微乎其微。所以，具有一定风险承受能力的姐妹不妨大胆一点，直接根据收益率的高低来选择债券品种。

技巧二：利用时间差可以提高资金利用率

债券在发行和兑付时都会规定一个发行和兑付的时间段，比如一个月。因此，为了尽可能提高资金的周转和利用率，我们可以选择在发行期的最后一天再去购买债券，然后在兑付期的第一天就立刻进行兑付。

技巧三：卖旧换新，赚更多利息

某些时候，你手中持有的债券还没到兑付期时，可能就会有利息更高的债券在发行了，如果手中资金不足，不妨考虑将手里的旧债券卖出或转让，然后再利用这些钱去投资新的债券，赚取更多利息。

技巧四：注意地域差和市场差带来的债券价格差

在不同的地区和不同的市场，同品种的债券交易通常都会有所不同。比如同品种的国债放到深证证券交易所和上海证券交易所进行交易，其价格就是存在差异的。不怕麻烦的投资者可以利用这一点来赚差价。

所以，如果你又怕担风险，又想多赚钱，知道怎么办了吧？

股票时代，风险背后收益大

有人说炒股和赌博一样，靠的是运气；也有人说大盘是有规律的，找到这个规律你就能掌控它；还有人说，股市具有不可预测性，谁都掌控不了……那么，股票究竟是个什么样的东西，是能缔造财富奇迹的“天使”，还是能毁灭财富大楼的“魔鬼”？

“当初如果不是那么贪心，我都赚了套房子钱了……”这是徐曼丽每次回顾自己炒股历程时的开场白。

徐曼丽炒股已经五年多了，最初学炒股的时候，徐曼丽对股票一无所知，只是听朋友说能赚钱，她便好奇地“栽”了进去。徐曼丽在股民中算是非常勤奋好学的，她会计出身，学习炒股知识比其他人要快得多，大概只花了一个多星期的时间，徐曼丽就把各种“阴线”“阳线”“K线图”之类的东西都搞得清清楚楚了。

刚开始下场实战的时候，徐曼丽非常小心，每次一看势头不对，立马就跑。但因为实在太过小心，结果操作频繁，损失了不少手续费，盈亏相抵，也算是不赚不亏吧。后来渐渐对股市熟悉了，徐曼丽胆子也逐渐大了起来，慢慢地开始在股市里赚钱了。

良好的开端让徐曼丽对股市充满信心，为了赚更多的钱，改变自己的生活，徐曼丽把自己所有的一共12万存款都投入了股市。那段时间，徐曼丽炒股的收益确实不错，连她嫂子和妹妹都眼馋得一直求她帮她们也投点钱去股市。经不住她们再三恳求，最后徐曼丽同意让嫂子和妹妹每人拿出3万元，由她来帮她们操作。

在股市情况最好的时候，徐曼丽一共18万元的本金，在股市最高价值时达到过30余万，几乎翻了一倍。可没想到的是，好势头没持续多久，大盘开始波动了，徐曼丽投资的股票急速下跌。一开始出现下跌趋势时，徐曼丽没舍得斩仓，总觉得还有回旋的余地。到后来徐曼丽想退出的时候，已经被套牢了。

现在，18万的本金已经缩水到7万多，徐曼丽还一直在股市里挣扎，毕竟现在离开就真的是血本无归了，她还打算等赚了钱就把嫂子和妹妹的本金全部归还，以后可不敢再帮人买股票了。

徐曼丽的遭遇大概很多股民都曾经历过，随着股市指数的涨跌，股民们的心情就好像坐过山车一般，忽而大喜，忽而大悲，那不断交替变红变绿的数字背后，变的可都是股民们的钱啊。

股市是不可预测的吗？是的，答案很肯定，毕竟连有“股神”之称的巴菲特都无数次强调过这一点：股市不可预测。但既然世界上能存在“股神”，至少可以说明，股市也绝对不是靠运气来决定胜负盈亏的。事实上，只要能掌握一些规律和策略，虽然我们无法预测股市的发展，但至少可以在一定范围内做好风险管理，尽可能保障资金收益。

对于股票投资，华尔街的“股神”先生巴菲特对女性朋友发表过这样一些忠告：

1. 选择具有可持续发展的企业

在买入股票之前，要对目标公司的价值进行有效评估，以确定该股票的实际价值，再通过比较股票实际价值与市场价格来决定是否买入。如果股票实际价值高于市场价格，那么就非常值得买入，说明该股票有巨大的升值空间。但如果股票实际价值低于市场价格，就要慎重考虑了。

巴菲特先生曾忠告过投资者们：“股票市场就是一个重新配置资源的中心，而资金则通过这个中心从频繁交易者的手中流向有耐心的长期者。”同时，巴菲特先生也强调，并不是所有股票都适合长期持有，只有少数股票是值得你这么做的。

2. 选择恰当的买卖时机

在股票买卖中，时机是相当重要的，它甚至直接决定着你的最终收益。但这个时机通常很难把握，稍微不注意就可能错过了。但值得庆幸的是，股票价格的变化通常具有一定的周期性，通过各种因素的分析，把握住这个周期性，对股票投资有着极大帮助。这就需要投资者们多下工夫进行研究了。需要注意的是，影响股票价格走势的，除了各种经济因素之外，政治因素也是不可忽略的。

巴菲特先生的忠告非常值得深思，但客观来说，大概很多普通的股民都做不到这两点吧。有鉴于此，在这里，我们也给各位姐妹提供一些建议，帮助大家尽可能地控制炒股风险，防止股票被“套牢”。

建议一：股票投资不是赌博，不要抱着赌博心态胡乱买进，尽量选择那些发展前景较好且利润增长稳定的企业股进行投资。

建议二：一定要设立止损点，并坚决执行。做长线投资时必须选择长期走“牛”的股票，一旦股价长期下跌，必须马上卖出，及时止损，避免被套牢。

建议三：避免买进在历史高价区交易的股票，通常这样的股票已经今非昔比，没有多少价值了。此外需要注意的是，如果收到庄家的消息，买入股票之前可以信，至于卖出，还是得根据盘面作决定。没有任何一个庄家会告诉别人自己在出货，所以不要轻信小道消息，以免成为庄家的牺牲品。

建议四：密切关注股票成交量，尤其是庄家持股较多的股票，如果突然出现巨大的成交量，说明很可能是主力在出货，那就赶紧撤退吧。

建议五：无论大盘还是个股，只要出现中阴线，最好就考虑出货。中阴线的出现很可能会引发中线持仓者的恐慌，造成大量抛售的情形出现。一旦如此，即便主力不想出货，最终也可能会因无力支撑股价而被迫出货，造成股价严重下跌。

建议六：永远记住一点，你买进的股票再好，只要大盘形态坏了，就必然会下跌。同样，再不好的股票，只要大盘形态好了，也随时可能会上涨。此外，对任何股票都不能迷信，世上没有永远走势好的股票，对股票忠诚就是一种愚蠢的表现。

最适合女人的投资——基金定投

储蓄吧，利息太少；股票吧，风险太高；债券吧，时机没碰上。那为什么不试试基金投资呢？

做基金投资，其实就相当于你把钱交给银行保管，然后会有专业的基金管理公司用你的钱去进行股票和债券等证券投资，从而实现资金的增值。简单来说，基金其实就是把大家的钱集中起来，拿去给专业人士做证券投资，然后在一定时间后进行“分红”的一种投资形式。你购买不同的基金，其实就相当于你雇佣了不同的“管家”来帮你管钱。

相比股票而言，基金要更为安全稳定，而且收益也不会太低。有时基金的收益甚至比那些自己投资股票的收益还要高。一方面，基金公司资金规模较大，能够降低股票投资中的风险；另一方面，基金公司在专业知识和技术功底上毕竟都胜过普通股民，投资水平自然也相对较高。

不管是对于繁忙的上班族，还是对于辛苦的全职主妇来说，都没有太多时间一直盯着股市的动向。而购买基金则不同，理财专家会帮你搞定一切，你绝对能腾出足够的时间专心工作或者照顾家庭。但这并不意味着基金投资就没有风险，因此，想要依靠基金投资实现发财梦，你得找到一支风险较低，并且能稳定增长的基金。

刘晓玲大学刚毕业不久，在一家银行上班，月收入3000元左右。因为住在家里，所以刘晓玲每个月开销都不算大，支出大概在800~1000元之间。

为了上班出行方便，刘晓玲最近盘算着想买辆车，目前她的银行卡上有1万元存款，而她打算买辆大概5万元左右的车。为了尽快存够买车的钱，刘晓玲决定把自己的闲钱拿出来进行一些投资。

目前来说，银行的理财产品通常都是以5万元作为投资起点，也就是说，按照刘晓玲目前的财务状况来说，她只能考虑选择储蓄存款或基金投资。众所周知，储蓄存款的利息少得可怜，根本不能帮助刘晓玲实现买车梦，因此，刘晓玲果断选择了基金投资。

在理财专家的建议下，刘晓玲经过细心的研究和比较，选中了一只业绩表现不错的基金，并决定在两年时间里对这只基金进行分批投资。正式开始理财计划之后，刘晓玲把每个月积累下来的2000元钱都存了活期存款，并一直关注基金市场，她就把积攒下来的资金适时投入目标基金，然后继续存，继续投入，有效地降低了自己的购买成本。

两年之后，本息收益达到了6万余元，刘晓玲顺利买下了自己梦想的代步工具。

基金市场发展非常迅速，可供选择的投资类型也非常多，有股票型基金、偏股型基金、指数型基金、债券型基金等。对于基金投资，一般有两种方式，即单笔投资和定期定额投资。对于那些平时很忙，没有多少投资经验的女性来说，最适合的就是定期定额的投资方式，也就是我们通常所说的“基金定投”。

著名的摩根富林明投顾公司在对基金投资者作调查时发现：大约有30%的投资者选择了基金定投，其中以30~45岁的女性投资者居多，她们之中有高达46%的人选择了这项投资。此外，一份关于投资者对投资工具的满意程度调查也显示：进行股票投资的投资者满意度为39.5%，单笔购买基金的投资者满意度为52.5%，而选择基金定投的投资者满意度则高达53.2%。

可见，对于波动性较小，且更倾向于追求长线稳定增值投资方式的女性来说，基金定投显然非常符合她们的需求。虽然基金定投赚钱没有股票、期货那么快，但它胜在安全稳定，长期坚持下去，小积累最终也能变为大财富。

基金定投的优点主要表现在三个方面：

1. 投入定期化，能帮我们聚集小钱

每个人每隔一段时间后，手头都会积攒下一些闲钱，而这些钱通常都会在不知不觉中被我们花掉。进行基金定投，可以帮我们节省下这笔可能会被不知不觉浪费掉的钱，而且每个月的投入虽然不算多，但随着时间的积累，这些小钱也能成为一笔可观的财富。

2. 自动扣款，操作方便

办理基金定投的手续很简单，只需要到基金代销机构去办理一下手续即可，之后每一期银行都会自动扣款，不需要你再自己去办理。

3. 投资平均化，这有效分散了一次性投入所带来的风险

虽然说基金定投堪称最适合女人的投资，但它同样需要一定的冒险精神。即便相比股票来说，基金波动性比较小，但基金同样是有风险的。基金其实就相当于是让专业人士来帮你炒股，风险由大家共同分担。

在投资市场中，高收益往往伴随着高风险，二者是成正比的，基金也不例外。波动性相对较大的基金，由于在净值下跌时较为容易累积低成本份额，因此在反弹时获利也会比较多；而波动性较小且相对比较平稳的基金，虽然风险也比较小，但获利也会比较有限。

如果你有一个较为长期的理财目标，假如超过五年以上，还是建议选择波动性较大的基金，因为波动性较大的基金，其长期回报率会高于波动较小的基金。相反，如果你的理财目标只是短期的投资，那么选择波动性较小的基金会比较安全。当然，具体的情况还是要具体分析。

总而言之，在进行基金投资之前，一定要选择好适合自己的基金，并牢记几个要点：

第一，不熟不做，不懂不进；

第二，适合自己的基金才是最好的基金；

第三，保持足够的耐心；

第四，学会灵活变通，适时进行基金转换。

房子是女人最钟情的“奢侈品”

闪亮的钻石，漂亮的鞋子，各式各样的名牌包包……哪一个才是最令女人钟情的东西呢？其实，最让女人着迷和渴望的“奢侈品”是——房子。

不管是在小说还是电视剧里，提出“不买房就不结婚”的人通常都是丈母娘，鲜有哪个老丈人会跳出来说这种话吧。而每次情节中出现夫妻探讨买房子事情的时候，主张买房的通常也是女人。即便是在现实生活中，女人对于房子的执着也远胜于男人。

这其实也很正常，男人骨子里天生就充满了冒险的血液，他们的追求是广阔的天地，是征服的快感，他们着迷于一切新鲜的事物，如果女人没有异议，相比买房来说，男人甚至可能更愿意住一辈子酒店。女人则不同，女人一生都在寻求安全感，而房子无疑正是能够让女人感到安全的资产。女人天生就想要一个家，只要看她们精心地布置每一个地方，用心地选购每一件生活用品就能知道这一点。

而从投资的角度来说，如果你有大笔的闲置资金，投资房产也会是个不错的选择。首先，房地产投资能够在一定程度上规避通货膨胀的风险。一般情况下，当宏观经济发展趋势较好的时候，都会带动房地产市场升温，房子价格上涨；而当宏观经济发展开始恶化时，只要前一时期房地产价格泡沫不太多，相对其他市场而言，都会稳定得多。

其次，作为一项长期的投资，房地产的投资价值是逐步凸显出来的。从长远角度来看，经济较为活跃的大中型城市，房产价格都可能会一直呈现持续上涨的趋势。

最后，除了通过买卖房产赚取差价之外，房地产的使用价值也是可以帮助投资者获利的，比如住房、门店或写字楼等都可以通过出租的方式获得收益。

虽然说了不少投资房地产的好处，但事实上，也并不是每个投资房子的人都能赚钱。比如我那位热衷于炒房却频频失利的二姑妈，她最近就经常在抱怨：

"凭什么别人炒房，几年就能赚个几十万几百万的，我炒房，买了就卖不出去，卖不出去也就算了，压在手里连租都难租出去？都是房子，差别怎么那么大啊！"

虽然近年来不少房地产广告频频放大招儿，告诉我们"快来投资房地产，绝对稳赚不赔"，但事实上，这个世界上任何投资都是有风险的，不可能存在"稳赚不赔"这回事。如果你不做任何功课就盲目投资，那么也只能对你的钱包说"抱歉"了。

如果你购买房子是打算自己居住，那么考虑最多的问题往往是价格合不合适、居住舒不舒适等，但如果你将买房当作一项投资，那么就像投资基金、股票一样，考虑得更多的应该是房子是否具有升值潜力，这种潜力包括房子的出售价和出租价等。

影响房产增值的因素是很多的，主要包括以下几点：

1. 地理位置

房产所处的地理位置是影响房产增值最关键的因素。在房地产行业里有这么一句话："第一是地段，第二是地段，第三还是地段。"可见房产所处地段的重要性。凡是有过租房经验的人都很清楚，一套配置普通的学区房，租价往往比一套配置很好却位置偏僻的精品房要高得多，原因就在于地段差异。所以说，你投资的房产处在什么位置是非常重要的。

2. 交通情况

我们说一处房子所在地段好不好，主要就是看它的交通情况行不行。比方说某处房子所在的位置本来比较偏僻，地段不是很好，但如果因为城市规划，突然在这个地方修建一条马路或者设置一条地铁线，那么这个地段立马就变好了，这里的房子价格也会直线上涨。

3. 地处商圈

房产所处商圈的成长性决定了房价的增长潜力。这里所说的房产所处的商圈主要包括三部分，即就业中心区、住宅区和大卖场，这三者之间会形成一种互动关系，从而促进商圈的成长和发展。

4. 周边环境

房产的周边环境包括生态环境、经济环境和人文环境，任何一个环境条件的改变都会影响房价的变化。从生态环境方面看，如果住宅小区绿化情况较好，必然会对空气、气候等都有所改善，这样的小区也会更受欢迎；从经济环境方面看，在投资房产时，一定要重视城市规划的指导功能，避免选择位于工业区内的房产；从人文环境方面看，文化层次越高的社区，通常具有越强的增值潜力。比如外国人通常都喜欢聚集在使馆区周围的住宅区，而这一外国文化背景使得使馆区周围的公寓都深受大众欢迎。

5. 配套设施

配套设施问题主要是针对城郊新区的居住区而言，在城市中心区域的住宅区通常来说都不存在配套问题。配套设施是否齐全决定了居民入住后的舒适情况，是很重要的房产附加价值，同时也影响着房产的升值潜力。很多住宅新区在逐步发展的过程中，其配套设施也在逐步完善，房产价格也会随之逐步上涨。

6. 房产品质

房产品质的审核主要在于房产规划设计观念是否超前，是否具有现代感，以及是否迎合了物业发展的趋势。此外，房产的建筑造型，房内的空间布局以及建材设备的品质对房产的升值潜力也有很大影响。

7. 期房合约

在房产投资中，购买期房相对风险较大，但收益也会更加丰厚。为了尽可能规避风险，在投资期房时应该注意选择实力雄厚、信誉度高的开发商。这样在投资期房时会更有保障，即便出现了开发商违约的情况，也能保证资金安全并索赔到相应的违约金。

投资收藏，让你边玩边赚钱

前阵子我的老同学钱晓燕上了地方报纸，原因是她的一个古董花瓶通过拍卖行卖了一百多万，堪称“一夜暴富”。

确切地说，那个古董花瓶是钱晓燕奶奶的遗物，钱晓燕的奶奶生前特别喜欢买瓷器，花瓶、碗碟、酒具、茶具、笔洗……什么都买。那个价值百万的古董花瓶，据说是老太太年轻的时候，花了300块钱买的，当时买了以后还被钱晓燕的爷爷责怪了很久，毕竟那个年头，花300块买个花瓶就是天价了。结果，这“撞大运”的事情居然还真赶上了！

很多早期搞收藏的人，最初其实都和钱晓燕的奶奶一样，是出于兴趣，其实都没什么特定目标，就是看见喜欢的就买了，放在家里看着高兴。但是，随着许多搞收藏的人“无意中”发了财，不少人开始关注收藏，觉得有利可图，而且一不小心“撞大运”，那就是天大的利啊。于是，在各种欲望和目的的驱使下，收藏已经不再是一些人单纯的兴趣爱好，它逐渐成了一种以追求利益为目的的投资。

投资收藏的确可能会给你带来意外之财，但它和其他投资不同，我们投资股票、基金、期货等理财产品，所面临的机会可以说是比较均等的，大家各凭消息、各凭本事去赚钱。但收藏往往会出现“有心栽花花不开，无心插柳柳成荫”的情况，除了需要过硬的鉴别知识之外，还得赌赌你的运气。

收藏品的种类是非常多的，而且，具有收藏价值的东西未必都很贵，但一定都有特殊的意义，这样才值得出高价去收藏。比如一些限量版的T恤、球鞋，某些品牌特别推出的具有设计感的杯子、饰品等等，价格未必很高，但也具有一定的收藏价值。当然，具有收藏价值的物品，未必具有投资价值。如果你搞收藏只是单纯地为了兴趣，那么根本没必要去考虑投资价值。但如果你希望能边玩边赚钱，边收藏边投资，那么在选择收藏品的时候，还是需要作一些考量的。

下面我们就一起来看看，如今比较热门的收藏品都有哪些。

1. 古玩

古玩算是收藏界中的“元老”了，古往今来，不少有钱人都对古玩收藏有一定的兴趣。人们之所以看重古玩收藏，是因为它除了具有文化价值之外，往往还具有较高的经济价值。收藏古玩的过程，本身就是一种能够保值甚至不断增值的投资过程。

但也正因为人们看重古玩收藏，因此发展到今天，这一行的“水”可谓是非常“深”的。简单来说，如果你是完完全全的外行，那么最好不要碰古玩收藏。假如你对艺术品根本没有兴趣，只是抱着“捡漏儿”的投资心理“撞大运”，那么建议你不如去买彩票，彩票中奖的几率大概比收藏古玩“撞大运”还高一些。

2. 瓷器

瓷器是火与土共同“演绎”出来的艺术，既能为居家增添文化气氛，提供美的享受，又具有一定的增值空间。因此，从古至今，瓷器一直备受人们青睐。

瓷器的价格主要是由瓷器的价值来决定的。就古瓷器而言，各个朝代官窑瓷器自然位列第一，而其中，又以“御窑”出品和名头特别响亮的瓷器为佳，官窑之后则是各种带堂名款的瓷器，然后是工艺精湛的民间瓷器。

从瓷器的胎体、釉质、烧结和纹饰来看，通常彩色釉和低温单色釉的瓷器价格会比青花瓷器价格高；较为特殊的器形，比如官窑的灯、炉、瓶等，价格通常比一般的碗、碟、盆要高；做工精细，器型特别大或者特别小的，通常比寻常瓷器价格要高。

需要大家特别注意的一点是，现在市场上清朝、明朝及以前的古瓷器已经越来越少了，大多都是赝品，所以如果对古瓷器了解不深，没有“毒辣”的鉴别眼光，建议大家还是把投资目光转到现代瓷器上为好。

3. 钱币

相比其他收藏来说，钱币的交易价格是相对较低的。如果你对收集钱币有着浓厚的兴趣，现在正是拾遗补缺、逢低建仓的好时候。古今钱币品类众多，在做钱币收藏时，一定不能贪心，最好有选择、成系列地进行收藏，争取做到少而精。

钱币收藏是一种志趣高雅的活动，正如古人所云“收藏之道，贵在鉴赏”。如果你只是抱着投机心理来做钱币收藏的，那么你可以果断放弃这个市场了，钱币市场的暴利时代早已经一去不复返。

搞钱币收藏一定要记牢：收藏现代币要趁早，收藏古钱币得辨真伪，发现珍品必须出手快。

4. 邮票

邮票收藏称得上是最平民化的收藏投资了，而且，邮票投资回报率相对是比较高的。在众多的收藏品类中，集邮的普及率也远远高于其他品类的收藏。但即便是相对“朴素”的邮票市场，也存在“炒作”现象，某些邮票在人为“炒作”下价格波动非常大，不容易把握，在收藏时需要多加注意。

邮票收藏中最难处理也是最重要的一个问题是关于邮票的保管。邮票是由纸和油墨颜料构成的，因此吸水性非常强，在保存时一定要注意保持环境干燥，因为水分会促进霉菌对邮票的破坏，让邮票上出现霉点或黄斑。而空气中的氧气也会让邮票因氧化而变得“脆弱”。此外，长期的日光照射也会使邮票上的颜料发生化学反应，出现褪色和变色现象。

因此，如果你是集邮爱好者，一定要充分了解邮票的特性，做好邮票的保存工作。

5. 纪念币

近些年，纪念币投资已经逐渐成为了工薪阶层最为理想的理财渠道之一，不少投资者通过收藏流通纪念币获得了不错的收益。总体上来说，流通纪念币具有价格不高、投入较小、便于保存等特点，因此收藏纪念币通常不需要投入太多的资金和精力，非常适合收入普通且没有太多闲暇时间的上班族。

在收藏金银纪念币时一定要注意辨别真伪，该纪念币具有以下特点：第一，它是国家法定货币，只能由中国人民银行发行；第二，纪念币上带有国名、面额和年号，通常还附有中国人民银行行长签字的证书；第三，在正式发行前，中国人民银行都会通过官方网站对外公布。

6. 红酒

红酒是一种比较现代且时尚的收藏新品种，但需要注意的是，从本质上来说，红酒只是一种饮品，真正具有收藏价值的红酒是非常少的，仅仅占到了市场红酒数量的1%~2%。

随着红酒收藏的日益升温，市场上也出现了不少令人啼笑皆非的“乱象”。比如有的无良商家为了牟利，低价从国外购买桶装红酒之后，再在国内进行分装并贴酒标后高价售卖；或者把红酒的名字往一些世界知名品牌上“靠”，以误导消费者；甚至有的商家还推出所谓“拉菲”的“子品牌”，以欺骗消费者。

如果你对红酒感兴趣，一定要明确一个观念：不是所有大品牌的红酒都具有收藏价值。

大多数的红酒都只是普通的饮品而已，是有保质期的，放久了也就过期坏掉了。在红酒中，只有窖藏级别的葡萄酒才具有收藏价值，但它们数量极少，并且每款葡萄酒都具有一个最佳的饮用时间，你必须在适饮年份内出售才能获得最大的收益。

不做“卡奴”：

女神到“女奴”只一步之遥

信用卡几乎已经成为了现代经济活动的通行护照，只要轻轻一刷，就能“花未来的钱，享受现在的快乐”。

申请、办理、开通，拥有一张信用卡并不难，难的是如何应对每月银行寄来的账单。要知道，卡神与卡奴之间往往只有一线之隔，信用卡用得好，就是当之无愧的卡神；信用卡用得不好，则会陷入卡奴的深渊无法自拔。

要做到“一卡在手，生活无忧”，就要管理好自己的信用卡，这样才能成为当之无愧的信用卡“女神”！

信用卡不是天上掉下的馅饼

这个月工资还没发，可偏偏遇上喜欢的东西在限时打折，怎么办？超市大减价，正是大屯日用品的最佳时机，可这个月预算已经没了，怎么办？想要的东西价格实在太贵，一次性付款根本承担不起，怎么办？

这些情况相信很多姐妹曾经都遇到过，每到这种时候，真是深刻感觉到什么叫“一文钱难死英雄汉”啊。可现在不同了，信用卡的“横空出世”拯救了千千万万的女人，让我们在面对以上种种情况时不再纠结，不再郁闷。工资没发？没关系，银行让你先花未来的钱；预算不够？没关系，银行帮你把账单先垫付；想要的东西太贵？没关系，分期付款让你轻松拥有梦寐以求的商品。

信用卡是多么美妙的发明啊！似乎可以让你一切的购物梦想都变成现实。然而，天上永远是不会掉馅饼的，当你沉迷于信用卡消费无法自拔时，美梦也可能变为噩梦——“卡奴”就是这样炼成的。

高材生张玲玲就是一名典型的“卡奴”。

张玲玲是一所名牌大学的高材生，成绩优异，一毕业就顺利被当地一家公司录取，没多久就升任为部门经理。自工作以来，张玲玲就一直顺风顺水，但她并不满足于薪资的收入，一直沉迷于各种各样的投资之中。

一开始，张玲玲做投资主要用的是自己的积蓄，后来，她发现信用卡

信用卡不要多，
更不能透支，
否则你会噩梦不断。

可以透支，就开始透支信用卡投资炒外汇。起初，外汇市场行情不错，张玲玲赚了不少，花钱也变得大手大脚起来。可近几年，随着外汇市场的低迷，张玲玲的投资收益也开始下降，可她高消费的生活习惯却始终没有改掉，透支信用卡成了支撑她日常消费和炒外汇的主要手段。

后来，炒外汇亏得越来越多，信用卡又等着还债，无奈之下，张玲玲只好办理更多的信用卡“拆东墙补西墙”。可纸终究是包不住火的，随着多家银行相继发现张玲玲恶意透支的问题后，警方介入了调查。最终，张玲玲因无力归还银行欠款，涉嫌信用卡诈骗而被刑事拘留……

美梦变噩梦，这就是张玲玲的人生写照。

信用卡能带给我们很多便利，但它不是天上掉下来的馅饼，更不是免费的午餐。信用卡就像一把双刃剑，使用得当，可以为我们的生活带来极大便利，甚至为我们创造丰厚的收益。但使用不当，则可能给我们带来难以想象的麻烦，甚至可能像张玲玲那样触犯法律，面临牢狱之灾。

因此，各位姐妹们，为了避免戴上“卡奴”的枷锁，在使用信用卡时，一定要注意，千万不要陷入以下误区：

误区一：免费卡“不办白不办”

现在很多银行为了推广信用卡，往往会举办很多相关的促销活动，比如“办卡送礼品”“刷卡送年费”“三年免年费”“消费满额年费打折”等等。不少人都被这些优惠活动打动而办理了多张信用卡，但实际上在生活中未必有这种需要。因此，很多人在办完卡拿到礼品之后，往往就把这件事情抛诸脑后了。

但需要注意的是，信用卡和普通储蓄卡的最大区别就在于：银行可以在信用卡内直接进行扣款，如果卡内没有余额，那么将直接算作消费透支。一旦免息期过后，透支的数额将会按照至少18%的年利率开始计息。

也就是说，100元的透支数额，一年利息至少为18元。如果这笔欠款一直不还，可能会被视为恶意欠款，严重的甚至可能构成诈骗罪。

因此，不要以为免费卡“不办白不办”，一不小心办了，可能会给你带来无穷无尽的麻烦。所以，闲置的信用卡还是主动到银行撤销比较好。

误区二：信用卡就是“免费”先花未来的钱

信用卡最吸引人的地方就是享有免息的便利，但这并不意味着信用卡就是“免费”先花未来的钱。目前，部分银行的信用卡是有年费的，每家银行还会根据信用卡级别的不同制订不同的透支额度，收取的年费数额也依据等级有所不同。此外，持卡人在异地存款时也会收取一定的手续费，不少信用卡在提取现金时同样需要支付一定的手续费。因此，信用卡免息，却不一定“免费”，在使用信用卡之前，一定要搞清楚不同信用卡的具体收费项目。

误区三：提前还款最保险

在使用信用卡的时候，最怕的就是搞错还款日期，造成信用受损。因此，有的人为了避免错过还款日，或者觉得每个月还款太麻烦，往往会一次性直接存入一大笔钱，让银行慢慢扣。这种做法其实是非常不明智的，一方面，存入信用卡的钱是不计利息的，你存入一大笔钱，其实就相当于给了银行一笔“无息贷款”；另一方面，信用卡里的钱往往是打入容易取出“难”的，有的银行甚至规定，只要是从信用卡中提取现金，无论是否属于透支额度，银行都要收取手续费。因此，如果因为怕麻烦而提前存入大笔现金，得不偿失。

误区四：人民币还外币很方便

如今双币信用卡是非常流行的，不少人都因看中“外币消费，人民币还款”的便利而办理这种信用卡。但实际上，各家银行对购汇还款的服务是有很大差别的，未必都像大家想象中那么方便。

比如有的银行就只接受柜台购汇，想要办理这种服务，持卡人必须亲自到银行网点去办理。有的银行虽然提供电话购汇业务，持卡人可以先把人民币存入信用卡，然后再打电话通知银行进行办理，但需要注意的是，如果到期忘记电话通知，那么即便卡内有足够的人民币数额，也不能用来偿还外币的透支额。

因此，在使用信用卡的这些服务时，一定要弄清楚具体的服务条款，以免因自己疏忽造成损失。

明明白白“喜刷刷”

我的一个客户王小姐，她最近和银行闹了一些纠纷，主要是关于信用卡还款的事情。

王小姐在该银行办理的信用卡除了有刷卡消费的功能之外，还有随借随还、按天计息的贷款功能。王小姐的信用卡额度为10万元，卡里存入了12万元。今年5月23日的时候，王小姐刷卡消费了22万元；6月14日的时候，她又向银行申请了一笔12万元的信用卡消费贷款。

7月1日时，王小姐申请的贷款到期，她便在信用卡里存入了12.06万元，用来偿还那笔12万元的贷款本金，以及所产生的580元利息。之后在信用卡的还款日之前，王小姐又存入了99899.6元，用来偿还此信用卡账单。

王小姐一直认为，自己信用卡内的余额是超过10万元的，因此绝对已经按时足额还款了。没想到的是，信用卡账单出来之后，王小姐却发现，莫名其妙产生了一笔312元的利息。

在向银行反应这一情况后，客服向王小姐解释说，该信用卡在还款时是优先偿还刷卡消费的，因此这笔312元的利息是王小姐消费贷款还款逾期产生的。简单来说就是，王小姐向信用卡内存入的第一笔钱，有一部分被银行用来偿还她刷卡时候的消费了。

一般情况下，在信用卡的同一期账单中，信用卡还款是有先后顺序的，依次是年费、利息、分期或取现的手续费、取现本金、刷卡消费本金等。而信用卡消费和信用卡贷款的还款顺序，则根据各家银行规定而有所不同。在办理信用卡时，客服需要告知持卡人具体的还款顺序，以免给持卡人造成损失。但平心而论，在日常生活中，虽然很多人都知道，按时偿还信用卡欠款有多重要，但对于信用卡的还款顺序，却未必人人都知道。更重要的是，现在人们通常都有多张信用卡，想要记清楚每一张卡的还款顺序，也不是件容易的事。但如此一来，持卡人在“喜刷刷”的过程中，就难免会因为搞不清楚规定而造成不必要的麻烦和损失。

信用卡为我们的生活带来了种种便利，但在使用过程中，如果不清楚各项服务条款，则可能会给我们带来种种问题。因此，一定要记得管理好自己的信用卡：

1. 密码一定要管好

密码就如同使用信用卡的“钥匙”一般，在使用信用卡时，一定要记得保管好自己的密码，不要轻易透露给别人。在设置密码的时候，尽可能设置得隐秘一些，不要让人容易猜到，尽量使用较为复杂的数字组合。为了安全考虑，更不能不设密码。

2. 额度一定要足够

在开办信用卡的时候，一定要注意银行批下的额度是否够用，如果额度过低，影响日常消费，可以向银行提出申请，提高额度。

3. 日期一定要记牢

在使用信用卡的过程中，有几个重要日期是一定要记牢的：交易日、银行记账日、账单日以及到期还款日。

4. 超支一定不可以

在使用信用卡时，不管你多想消费，都一定要记住，绝对不可以超支。因为超支所带来的利息是你难以想象的，不少“卡奴”就是从超支开始，逐渐不堪重负。

只有做好管理工作，信用卡才能真正为我们的生活带来便利，并为我们建立起良好的个人信用，而良好的信用记录则能为我们在办理银行业务时带来更多的方便。所以说，信用有多重要，你就应该把信用卡看得有多重要。

首先，在存放信用卡时，一定要妥善保管。在存放信用卡的时候，尽量将卡和身份证分开放置。如果信用卡和身份证一起丢失，捡到你身份证和信用卡的人就能到银行办理查询密码和转账等业务，因此，为了保证财产安全，应将身份证和信用卡分开保管。

此外，信用卡背面都是有磁条的，为避免消磁，在保管信用卡的时候，一定要注意远离电视机、收音机等磁场，并避免高温辐射。在随身携带的时候，需要注意和手机等有磁物品分开放置，以免消磁，影响使用。

其次，在刷卡消费之后，一定要记得保管好账单。信用卡消费虽然方便，但也存在着一些潜在的风险。比如现在有些不法商人，会通过模仿客户的笔记向发卡银行申请款项。因此，在银行办理完业务之后，一定要记得保管好留存联，不要随意丢弃。在消费之后，为了避免账单错误，一定要记得核对每个月的账单。

最后，除了在日常生活中使用信用卡需要注意之外，在网上使用信用卡也需要处处小心。

在网络购物时，尽量选择那些比较知名、信誉度良好的网站，以避免个人资料被盗用。在用信用卡付款的时候，为了保障安全，可以先向发卡银行查询是否提供盗用免责的保障。此外，网上的消费记录一定要注意保存，一旦发现任何不明支出，应立即与发卡银行进行沟通、报备。

总而言之，在使用信用卡时，一定要记得多计算、多分析，这样才能让信用卡为你的生活带去最大便利，让你在“喜刷刷”中明明白白地管理好自己的钱财。

选卡不要挑花眼，适合自己的才是最好的

现代人打开钱包，通常都有三五张信用卡，但常用的实际上也就一两张。信用卡申请得多未必是件好事情，选一两张真正适合自己的实际上才是最好的。面对形形色色的信用卡，一定要懂得甄别，选择最适合自己的服务，不要挑花眼。

不同的信用卡给我们带来的优惠究竟能有多大差距呢？我们来看一个例子。

我的朋友刘曦，因为工作原因，通常每年都会有10到20次的境内外出差。几年前，考虑到消费便利，刘曦决定办一张信用卡。由于她的工资卡是招商银行的，而招行也一直以“服务至上”著称，而且很多店铺也都和招行有合作，经常会有一些打折活动，因此她选择在招行申请了一张VISA双币卡。

数年来，刘曦一直都使用这张信用卡消费，前前后后累积消费了大概20多万元。招行的积分规则是非常奇特的：每20元积1分，不满20元整数的部分都不计入积分。大家都知道，现在很多商品的价格都定为99元、199元，因此在消费中，刘曦每次使用这张信用卡，都会损失掉不少积分。

前几天，刘曦查询信用卡积分时发现，自己的这张信用卡累积了

10000分。当她想用这些积分来兑换航空里程的时候才发现，原来招行只有经典白金卡可以兑换里程，也就是说，现在刘曦只能用这10000分来兑换一些商场的礼品，而在礼品商城中，兑换一套刀具就需要10000分。

按照刘曦的消费情况来看，假如她换一张信用卡，那么平均2.5倍的积分再加上一些活动，她的消费额度至少能累积55万积分。以交通银行信用卡为例，2012年，刘曦曾到波兰出差，按照交通银行信用卡境外消费10倍积分进行计算，那一趟旅程刘曦就能获得大约30万的积分。

此外，很多银行的积分都是可以兑换里程的，按照平均18分兑换1里程的比例来算，55万积分至少能兑换30000里程，相当于北京到广州的往返机票。一套刀具和两张往返机票，高下立见。

可见，卡不在多，适合才行。只有挑选到真正适合自己的信用卡，才能真正切实享受到信用卡给生活带来的优惠和便利。那么，面对众多银行推出的形形色色的信用卡，我们究竟怎么才能挑选到真正适合自己的信用卡呢？

第一步：挑选银行

在办理信用卡之前，要先决定申请哪一家银行推出的信用卡。在选择银行时，主要是从方便自己的角度考虑的。目前，信用卡的还款方式主要有四种，即柜台还款、ATM机自助还款、手机APP以及自动还款。因此，考虑到还款的便利性，一定要选择一家最方便自己还款的银行。比如，可以考虑选择和自己的工资卡同属一家银行的信用卡，这样就能关联两张卡，办理自动还款业务。如果该行没有适合你的信用卡，那么就尽可能选择一家网点较多，或者网银功能较为齐全的银行。

第二步：挑选种类

为了方便不同人群的日常消费，银行所推出的信用卡也多种多样。比

像挑选衣服一样，

挑选适合自己的信用卡。

如适合常常去超市消费人群的有专门针对超市购物优惠的信用卡，适合经常旅行的人群的与旅行公司联名的信用卡，适合有车一族的车主卡，适合经常出差的商务人士的航空卡，甚至是专门为爱美的时尚女性量身打造的女人卡等等。这些卡在用途和优惠上都有各自不同的侧重点，在选择种类时，应参考自己日常消费的侧重点，并根据自身具体情况选择最适合自己的信用卡。

第三步：挑选信用额度

在选择信用卡时，应该考虑信用额度是否能够满足自己的需求，避免办理多张信用卡，尽量保证用一到二张信用卡就能满足自己的日常消费以及资金周转需求。

第四步：考虑日常费用

信用卡虽然用起来方便，但都有很多其他的费用需要支付，比如年费、超限费、取现费等等。以年费为例，少则几十，多则可以成百上千，同样是一笔不菲的开支。各家银行为吸引客户，并鼓励客户使用信用卡消费，通常会制订一些免年费或者年费打折的政策，比如最常见的首年免年费或者刷多少次卡免年费等，因此，在选择信用卡的时候，一定要考虑费用标准，最好选择那些能够轻松达到免年费政策标准的信用卡，这样就可以节省下一笔费用。

第五步：考虑积分标准

信用卡带给我们的优惠通常都体现在积分上，刷卡消费可以带来积分，而积分则能用来换购商品或服务。可见，作为信用卡的附属价值，积分也是非常值得我们重视的。在选择信用卡时，不妨好好考虑一下积分政策，尽可能选择积分长期有效的信用卡。

世界上没有十全十美的东西，同样，选择信用卡也不可能每个方面都兼顾到，我们只要尽可能选择最贴近自己需求的信用卡就好。但不管选择什么样的信用卡，请记住一个原则：适合自己的才是最好的。

了解信用卡的积分价值

“用我的信用卡刷吧，帮我多积点分啦，我想兑换那瓶香水！”

“我帮你刷信用卡买机票吧，有优惠，而且还能帮我多积点分。”

“还差几分就能兑换那个锅了，年底之前得再刷一笔才行。”

……

如果你有朋友在使用信用卡，相信诸如此类的话你大概都听说过吧。刷卡消费累积积分，积分又可以用来兑换礼品或服务，这大概是银行刺激持卡者们使用信用卡消费最有用的策略了。

信用卡于1915年起源于美国，最早发行信用卡的机构其实并不是银行，而是一些百货商店、汽油公司以及餐饮业、娱乐行业等等。起初，一些商店、饭店为了招揽顾客，扩大营业额，便有选择地在一定范围内向顾客发放一些信用筹码，之后逐渐演变为塑料卡片，以此作为顾客消费的凭证，由此展开了凭借信用筹码进行赊购服务的业务。拥有信用筹码的顾客通过赊购的方式获得商品之后，再在约定的时间内付款即可，这就是信用卡的雏形。

发展到现在，信用卡这种支付手段已经成为了现代社会经济活动中不可缺少的交换手段，和其他的支付方式相比，信用卡能够为人们带来更多的便利。从持卡人的角度来说，持卡人不必支付现金就能获得想要的商品或服务，免去了出行时携带大量现金的危险和不便，让外出购物、出差及旅游变得更加便捷；从银行角度来说，通过信用卡的优惠政策，银行可以向商户和持卡人吸取更多的存款，同时，通过垫付消费金额，银行还能从中收取一定比例的佣金；从商户角度来说，除了方便消费款项的收取之外，通过与银行建立相应的优惠政策，也能为商户吸引更多的顾客来消费。

在信用卡的种种优惠政策中，积分换礼品无疑是持卡人最为关注的优惠政策之一。那么，如何才能让积分换礼品实现价值最大化呢？这就需要大家谨记“三要”窍门：

1. 要注重礼品的实用性

积分兑换礼品主要是银行为了刺激持卡人使用信用卡消费、增加刷卡量而推出的优惠政策。虽然是优惠，也存在着门槛高、费时费力且所兑礼品价值较低等因素，因此很多可以兑换的礼品不免都让人有“鸡肋”之感。

在兑换礼品时，坚持实用性原则无疑是提高礼品利用率、实现礼品价值最大化的最佳途径。此外，由于实物商品需要通过快递或物流手段来获取，可能会产生额外的成本。再者，实物商品在质量、售后、送货时间等等方面都可能会存在问题，所以在选择礼品时，不妨以虚拟物品优先，例如加油卡、购物卡、航空里程等等。

2. 要通过银行正规渠道进行办理

每年在信用卡积分兑换的高峰期时，很多不法分子会利用虚假短信或电话诈骗欺骗消费者。因此，在办理信用卡积分兑礼品时，大家一定要通过正规的官方渠道办理，避免上当受骗，造成损失。尤其是在收到不明来源的短信时，一定要仔细甄别，不要轻易点开任何链接，或在某些不明网站上输入自己的卡号、身份证信息、电话、密码等资料。即便收到显示来自官方的短信，也不能掉以轻心，如有必要，可致电银行确认。此外，一旦发现问题，也一定要第一时间联系银行。

3. 要养成定期查兑积分的习惯

积分都不是永久有效的，不同银行有不同的积分清零政策。因此，持卡人一定要熟悉信用卡的积分清零政策，记得在积分有效期内进行兑换，否则就容易造成积分浪费。为了让信用卡积分发挥最大价值，持卡人应该养成定期查兑的习惯。而且积分商城里的商品通常会定期进行更新，定期查兑也能让你在第一时间发现自己心仪的商品。

除了记住以上的“三要”窍门之外，如何累积更多的积分也是持卡人应该掌握的“技能”。

信用卡的积分与消费金额是直接挂钩的，但各大银行信用卡的积分政策有所不同。比如招商银行信用卡的积分方式就是每满20元积1分，零头不计。而其他大多数银行的信用卡基本上都是1元积1分。在外币方面，消费积分速度最快的是上海浦东发展银行，每消费1美元可以积16分。而交通银行和东亚银行的信用卡都是消费1美元积8分，其他大部分银行的信用卡则是每消费1美元积7分。

除了不同银行的信用卡积分规则不同之外，即便是同一银行，所发行的不同种类信用卡，积分规则也可能有所不同。比如中国建设银行所发行的普通消费卡，每消费1元积1分，但如果是该银行所发行的上海大众龙卡则是消费1000元积6分。

需要注意的是，某些大型的消费项目是不能被计入信用卡积分的，例如买房、买车、批发商品、医院看病、慈善捐款、学费缴纳、政府机构类消费等等。

当然，并不是积分快的信用卡兑换礼品的性价比就一定高，虽然有些银行的信用卡积分累积速度较慢，但其兑换礼品的起点可能也相应较低。因此，信用卡积分的价值不能单纯看数额，而是应该通过积分兑换产品来计算该信用卡积分的累积绝对值。

信用卡
还能这么“刷”

你会使用信用卡吗？

看到这个问题，各位“有卡人士”估计会说：“这有什么不会的，办个卡，付钱的时候拿着刷呗！”

确实，信用卡最主要的作用就是消费。很多人办理信用卡，最初也是为了消费方便，或者为获得办理和使用信用卡的一些优惠。实际上，就这么一张小小的信用卡，除了消费之外，还有不少附加价值，我们生活中常见的一些麻烦，它都能帮我们解决。

不相信吗？那不如我们一起来看看，信用卡究竟还能怎么“刷”。

个体商户陈宝怡：短期借贷“神器”

今年35岁的陈宝怡是一家参茸行的老板娘，对她来说，做生意最怕遇到的情况就是资金链出现问题，这边卖出的东西还没收回款，那头送货的账单就到了，有时候虽然也就错开个三五天，但往往需要把嘴皮子“磨破了”才能说通。最可恨的是，明明看中了一批货，却因为拿不出足够的资金，被别人捷足先登，太气人！

后来在一个客户的推荐下，陈宝怡申请了一种银行新推出的信用卡短期借贷业务，这个业务的最短借款期限只有7天，另外还有10天、14天和20天三种还款期，日手续费率均为万分之四。该业务的借款额度主要是根据持卡人的基本授信资金而定的，基本授信资金都在万元以上，最高能达到30万。

这项业务对陈宝怡来说简直就是“及时雨”，她再也不需要为资金衔接问题头疼了。由于资金流动性较强，陈宝怡每次的借款时间最长也不会超过10天，利息算下来，怎么都比错过好货要划算得多。

大多数人通常都只把信用卡当作消费卡，但实际上，它能为你解决的问题远比你知道的还要多。当你急用大额资金进行短期周转时，不妨利用信用卡做短期借贷，但注意一定要控制好借款日期，以免利息越滚越多。

全球代购林湘：循环额度——“花不完”的零用钱

林湘平生最爱的事情就是逛街购物，于是在网上开了一家代购店，以实现自己边购物边赚钱的梦想。

个人爱好加上工作性质，使得林湘经常需要出国进行“大扫货”。为了购物方便，林湘办理了多张信用卡，消费也主要是通过信用卡进行的，这样也能多给信用卡积点分。对于林湘来说，信用卡就好像是一个永远不会“干瘪”的钱包，只要还完款，额度立马又回来，为她的代购事业提供了“用不完”的资金。

在申请信用卡时，银行会根据你的信用和经济情况给你核准一个信用额度，这个额度是可以一直循环使用的。当你消费时，消费的数额会从这个额度中扣除，而当你收到账单后进行全款归还，不仅不需要支付利息，可消费额度也能立即恢复。

林湘正是利用信用卡循环额度的特性，让自己拥有了一笔“用不尽”的资金。这样一来，只要把握好资金的流动和衔接，林湘甚至不用拿出自己的钱，就能完成自己的代购生意，并从中获利，她简直堪称“无本生利”的典范。

边购物边赚钱的梦想，
你现在就可以实现。

银行职员孙晓晓：免息期内创收益

银行职员孙晓晓是个理财达人，对她来说，生活里每一分钱都是有理财价值的，宁可“杀错”也决不“放过”。为了尽可能发挥自己每一分钱的价值，孙晓晓在消费时只要能使用信用卡付款就绝对不使用现金。

更令人“叹为观止”的是，在使用信用卡方面，孙晓晓也绝对称得上“专业玩家”。为了尽量延长信用卡免息期，孙晓晓办理了多张不同账单日的信用卡，并严格根据账单日的不同进行“使用分配”。比如，假设某银行免息期在20天到50天之间，该银行于3月20日发出账单，那么之后的20天即为免息期，也就是最后期限在4月9日。那么在使用这张信用卡时，账单日之后，也就是3月21日刷卡消费是最划算的，因为这笔消费将会在下月的账单日，即4月20日才计入，而还款最后日期则是5月9日。这样一来，这笔消费就相当于享受到了信用卡最长50天的免息还款期。

此外，现在很多购物网站都推出了一些具有免息期的支付功能，比如支付宝花呗和京东白条，在进行网络购物的时候，孙晓晓也经常利用这些网络支付功能的免息期来和信用卡免息期进行“组合”，利用花呗和信用卡组合，最长能将还款免息期延长至97天左右；而利用京东白条和信用卡组合则能达到86天左右。试想一下，这么长的时间里，如果投资市场行情不错，估计你花掉的钱都能赚回来了！

看到孙晓晓如何“玩转”信用卡，你还敢说自己会“刷”卡吗？利用银行的钱买自己想要的东西，自己的钱则揣在兜里，在免息期内创造收益，这么好的事情，还不赶紧学起来！

大学生梁佳颖：分期付款巧购物

想买一部手机，可钱不够。等钱存够了，手机过时了，新手机又上市了，再一看，钱还是不够……如此循环往复，何时才能及时用上不“过时”的新手机啊!

当不少只有微薄的兼职收入的大学生们在苦苦存钱，“追赶”数码产品更新换代的速度时，同样是大学生的梁佳颖已经换第二部手机了，别误会，她买手机的钱可不是向家里伸手要的。那么，为什么梁佳颖总能用上新手机呢？难道她做兼职比别人赚得多？其实，窍门就在信用卡上。

用信用卡进行大额消费的时候，有一项分期付款功能，持卡人可以根据自己的需求选择不同的还款账期，而根据不同的还款账期，银行会收取不同的手续费，分期越多，手续费也就越高。一般来说，银行也会相应地给持卡人一些优惠，比如当持卡人选择的分期数较少时，甚至可能不必支付任何手续费。

梁佳颖之所以总能买得起新手机，正是充分利用了信用卡分期付款这一功能。这样一来，虽然她花了和别人一样的钱去买这部手机，但是因为可以分期付款，她只要支付第一期款项之后，就可以使用这部手机了。这样不仅分摊了每个月的经济压力，也能让她更早获得心仪的产品。等别人终于攒够钱要去买手机的时候，她已经还清款，可以考虑换下一部手机了。

警惕信用卡透支：最昂贵的“便利”

信用卡，使用得好，的确能给我们的生活带来很多便利和优惠。但天底下没有白吃的午餐，看似越“美好”的东西，背后往往越可能隐藏“陷阱”。如果你对信用卡了如指掌，那么恭喜你，它确实会是你生活的好帮手；但如果你对它还是一知半解，那就要小心了，“美好”背后的“陷阱”随时可能张开“血盆大口”，把你吞得“尸骨无存”！

很多人选择使用信用卡消费都是图个方便，但在使用过程中，很多人也常常因为疏忽大意没能按时还款，结果给自己带来了难以想象的麻烦，那些高额的利息和滞纳金，在时间的流逝中积累成了我们难以逾越的“珠穆朗玛峰”……

董媛媛这辈子最后悔的事情就是在读大学时响应学校号召办了一张信用卡。而更后悔的事情是居然还在某一年完全“没有记忆”的时候，用这张信用卡消费了191.11元。5年后，董媛媛偶然通过银行账单，终于发现了这两件让她追悔莫及的事情给她带来的后果——那笔忘记还款的191.11元消费，如今已经欠款10854.43元了，相当于她现在三个月的工资收入……

无独有偶，董媛媛的校友陈爱秋也被当年响应学校号召办理的信用卡狠狠“坑”了一把。陈爱秋怎么都回忆不起来，自己6年前到底用那张信用卡做了什么，为什么会莫名其妙透支了6毛钱。而6年后的今天，当陈爱秋打算和男友一起办理贷款买婚房的时候才发现，当年那笔6毛钱的透支，如今不仅让她欠下了银行7547.94元的滞纳金，还让她被银行列入了“黑名单”，无法顺利申请贷款买房了……

每天打开新闻，都能看到不少关于持卡人被信用卡透支“害”得有苦难言的报道，着实让不少想要申请信用卡“试试水”的新手望而却步了。信用卡确实存在不少优惠和便利，但这“甜蜜”背后的苦果又实在是让人难以吞下，到底这信用卡是办还是不办？用还是不用呢？

实际上也没必要谈“卡”色变，只要我们对银行的种种“霸王条款”提高警惕，多用点心思关注自己的财务状况，做好资产管理，就能在享受信用卡便利的同时规避风险了。

银行关于信用卡的“霸王条款”主要有两条：

1. 全额罚息

信用卡还款时，哪怕你只有1元钱没还上，银行也将会以复利的计算方式按照全额消费来计算利息。也就是说，如果你这个月用信用卡消费1000元，还款的时候只还了999元，那么虽然你只有1元没还上，但银行在计算你的“逾期还款利息”时，是以1000元为基数在计算的。如果你发生逾期还款的情况，那么你将要付给银行的费用除了欠款之外还包括：利息、滞纳金、年费、超限费。

目前，由于工行率先取消了信用卡的这种“全额罚息”制，使得不少银行也对这一政策进行了一些调整和放松，大家在申办信用卡的时候可以具体咨询办卡银行的最新政策规定。

2. “溢缴费”取款还要收手续费

当你在还信用卡账单的时候，比如欠款1500元，但你存入了2000元，那么除去还款额之后，剩下的500元在信用卡中是不计任何利息的。此外，如果你想将这500元从信用卡里提出，那么你还得按照信用卡透支取现的手续费交纳给银行相应的手续费。

目前，由于用户反对声日益增大，一些银行逐步对该条款放宽了一些限制，在申办信用卡时，可向银行工作人员具体咨询一下。

随着我国银行的逐步市场化，相信这些“霸王条款”也会越来越少，用户也能从银行获得更好的服务。虽然如此，但在使用信用卡的时候，依然有一些相关事项还是需要大家注意的，避免为自己带来不必要的麻烦。

注意一：不用信用卡取现

虽然信用卡有透支取现的功能，但银行发行信用卡主要是为了鼓励用户消费，因此信用卡的通行惯例是，取现手续费极其高昂。有的银行信用卡取现手续费达到了3%，也就是说，你通过信用卡取1000元的现金，就得交纳30元手续费。所以，不到万不得已的情况下，千万不要用信用卡取现。即便是不得不动用这一功能，也要保证尽快把钱还上，否则从第二天，甚至可能从取现当天开始，你就可能要面临每天万分之五的利率，并且是以“利滚利”的方式进行计息的，没有任何免息期待遇。

注意二：不轻易用“最低还款额”

在信用卡对账单上有一栏“最低还款额”，很多使用信用卡的新手都不太清楚这项业务的功能。但如果你糊里糊涂，为了少还钱就动用了“最低还款额”功能，那么很抱歉，你恐怕要准备缴付利息了。因为银行会认为你因为无力偿还钱款，于是决定动用信用卡的“循环信用”，银行将会针对你的所有欠款，从记账日开始收取利息。

虽然在对账单上我们看不到关于这项业务的任何提示，但在信用卡使用章程中，对此有明确规定，但大部分人通常都懒得去仔细阅读那些条款。

注意三：牢记信用额度

在使用信用卡时，还有一个规定需要大家特别注意：使用信用卡时，若超出发卡机构批准的信用额度，则不享受免息待遇。

所谓信用额度，指的就是持卡人被允许透支的总额度。很多人由于拥有多张信用卡，或因多次消费，容易记不清自己的信用额度还有多少。在这种情况下，最好先咨询信用卡服务热线，确定额度之后再进行消费，以免给自己造成不必要的损失。

爱“拼”才会“盈”：

省钱也时尚，“拼客”正流行

一个人买房压力太大？一个人打车消费太高？一个人购物容易无聊？一个人吃饭实在寂寥？一个人刷卡积分太少？……

没关系，你可以加入拼客一族啊——拼吃、拼玩、拼车、拼住……简直面面俱到，省钱又时尚，帮你“拼”，让你“盈”！

新一代的理财达人，自然有新一代的省钱攻略，在这个“拼客”新时代，只有爱“拼”才会“盈”。

拼房：
“不是一家人，也能进一家门”

正所谓“人多力量大”，随着社会压力的与日俱增，不少收入不高的年轻人都开始了“拼客”生活，利用“拼”减轻经济压力，完成许多看似望尘莫及的置业计划。比如许多进入“拼房”一族的年轻人，就开始了“不是一家人，也能进一家门”的全新生活。

1. 拼租房

大学毕业之后，家住西安的小徐决定留在北京发展，为了分摊经济压力，小徐和三个舍友芳芳、安妮、淑兰一起，在六里桥附近租了一套2室1厅的房子，正式成为了“拼租一族”。这套房家具电器配套齐全，月租金4000元，四人分摊之后，每人每月只需支出1000元房租，比单独租住一套房要便宜得多。此外，该套房所在小区生活便利，距离四个姑娘上班的地方也都非常近，无论是工作、出行，还是娱乐，都非常方便，让几个女孩用较少的钱，就享受到了较为方便的生活。

众所周知，北京的房价贵得惊人，房租同样也不遑多让。对于那些刚毕业想留在北京发展的年轻“北漂”们来说，最大的支出恐怕就是房租了。尤其是近两年，随着北京市开始整顿地下室出租问题，北京的房租又是一涨再涨，刚毕业的大学生想要依靠一己之力独自租下一套房几乎就是天方夜谭，因此，“拼租”成为了“北漂”们解决住房问题的一大出路。

严格说起来，拼租其实也不算是件新鲜事了，早在多年以前，不少房东就已经开始把自家的房子改建成为一个个的小隔间，专门出租给那些在京务工的年轻人。虽然说房间是独立的，但客厅、厨房、浴室等等几乎都是公用的，生活在一个屋檐下的这些年轻人，从本质上来说，其实也是在拼租。

除了住房可以拼租之外，办公室或店面同样可以进行拼租。现在很多小公司，甚至连锁店，都会采用拼租办公室或店面的方式办公或经营，这样不仅节省了投资成本，同时也大幅度提高了办公区域的利用率。这值得资金紧缺，刚步入创业阶段的年轻创业者们学习借鉴。

2. 拼购房

在“拼租”之后，“拼购房”也逐渐成为了一种潮流。

属于“租房一族”的甘小姐一直都很希望拥有自己的房子，但30%的首付对她来说简直就是难以逾越的“珠穆朗玛峰”。随着新婚姻法的推行，甘小姐购房的渴望更是与日俱增。一方面，她很希望自己能在结婚之前置下真正属于自己的产业，这样也能给她带来更多的安全感；另一方面，每个月交给房东的一千多元租金也让她感到非常不甘心，就好像一直在为别人的房子打工似的。

左思右想之后，甘小姐和闺蜜王小姐进行协商，决定进行协议“拼房”，两人共同买一套房，这样一来，在减轻经济负担的同时，她们就能拥有属于自己的半套房子了。

像甘小姐和王小姐这样两个完全没有任何血缘或婚姻关系的人，通过协议共同出资购买房产，并共同承担贷款，就是时下在年轻人中非常流行的“拼购房”。

对于很多收入不高的年轻人来说，独自承担一套房子的首付，并缴付每月的贷款，确实是相当艰难的。和别人合伙一起购房，最大的好处就是降低了购房的门槛，并减轻了每个月的还贷负担，更重要的是，还省下了必要的租房支出，这就相当于变相地将每个月的房租积攒下来，成为了自己的“存款”。

但是，“拼购房”只是一种过度行为，在有了足够的经济实力之后，拼购双方通常会协商转卖该套房，再利用赚来的钱去购买真正属于自己的房产。

一般选择“拼购房”的年轻人，通常自己都是有住宿需求的，因此，“拼房一族”往往更青睐于选择能够立即入住的二手房。这种新兴的购房方式为许多“租奴”们解决了居无定所、房租有去无回的问题。

3. 拼投资

近年来，随着商铺投资的不断升温，不少个人投资者都将投资目光放到了商铺上。但相比普通的房产投资，商业地产投资首付比例是比较高的，资金需求量也比较大，尤其那些相对较好的商铺，普通的个人投资者往往很难靠一己之力“啃”下来。因此，在“拼购房”的基础上，商铺的“拼投资”方式也开始出现了。

无论是“拼租”、“拼购”，还是“拼投资”，对于“拼房”一族来说，这种全新的方式的确大大减轻了不少人的经济负担，同时也让许多人遥远的“购房梦”成为了可能。但需要注意的是，不管是租房、购房还是投资商铺，一定要谨慎选择自己的合作伙伴。

原本就不是一家人，想要走进“一家门”更不是件容易的事。对于拼租双方来说，同住一个屋檐下，必然会有许多来自方方面面的摩擦，这种时候，必须要能互相帮助、互相理解，才可能长久相处下去。尤其重要的一点是，经济账一定要算清楚。

相比拼租来说，“拼购房”和“拼投资”所面临的风险更大。无论是购房还是投资商铺，在搭伙之前，双方一定要协商好条件，并履行正规的合同手续，尽可能减少法律纠纷。尤其在投资商业地产时，一定要确保和投资伙伴在价值取向方面保持一致，以方便进行商铺的管理和经营。

归根结底一句话，不管“拼”什么，白纸黑字的合同永远比山高海深的交情要靠谱。关于钱的事，无论你们是什么关系，都最好算清楚。

拼车："买车难养，公交太累，拼车才够味"

"骑车太累，公交太挤，打车太贵，养车太费，都不如'拼车'来得实惠！"这句话道出了不少拼车族的心声。

随着"拼客"一族的出现，拼车成为了一种新型的城市生活方式，在众多一线城市中，拼车被许多年轻人称为"第四种交通方式"。据调查，在北京、上海、广东、浙江、江苏、福建等省市中，60%的有车族都是同意拼车的；而80%具有购车意愿的人也都表示，愿意和亲戚、朋友或同事拼车出行；此外，有半数以上的人已经在进行拼车或者正准备开始拼车了。

在国外，拼车被称为"car pool"或者"H.O.V"，就是高容量车的意思，简单来说，指的就是三人以上乘坐同一辆车。在美国的很多大城市里，你常常会在交通高峰期看到这样的情况：在car pool车道上，满载乘客的车在快速行驶；而在只有驾驶员一人的车道上则常常会很堵。可见，在国外，民间自发行为和政府政策都在引导和鼓励拼车行为。

拼车，顾名思义，就是多个人一起来分享一辆车所带来的便利。而且，人们在享受便利的同时，同时也将共同承担"养车"的费用。这样做，一方面，能够减轻养车的费用负担；另一方面，对缓解交通压力、低碳环保也有重要作用。此外，很多人通过拼车，还能结交到不少新的朋友。

目前，拼车行为主要有四种模式：

第一种：临时拼车

无车一族出行是非常麻烦的，虽然目前我国已经有了较为完善的交通网络，但有时候，由于时间等客观因素的限制，乘坐公共交通工具会很不方便，便只能考虑包车或者租车出行，这样费用太高。

现在，随着各种APP的广泛应用，为了满足无车一族的出行要求，拼车已经发展成了一门生意。有很多APP都具有拼车功能，一方面，有车族可以在平台上发布自己的行程信息，募集有相同目的地的同行者；另一方面，无车一族也可以通过在平台上发布自己的行程信息，寻找去往相同目的地的同行者，通过“拼”的方式分摊车费。

以上这种拼车方式通常是临时的，进行拼车的双方因相同的目的地和出行时间聚集在一起，产生一次性的拼车行为。临时拼车对于无车一族来说确实是出行的好帮手，但在进行临时拼车时，女性朋友往往需要多加小心，仔细甄别拼车伙伴，以免让自己陷入危险。

第二种：长途拼车

如今，很多人为了在工作上取得更大的发展，往往会选择背井离乡，到更发达的城市去工作，只有节假日才有时间回家看望父母。对于在外工作的年轻人来说，回家面临的最大问题就是交通。每到节假日，交通网络都会迎来一波又一波的乘车高峰，不仅一票难求，即便顺利买到票，在人挤人的旅程中也必然倍感疲劳。

在这样的情况下，同事、朋友甚至陌生人之间进行长途拼车无疑成了无车一族回家的最佳选择。对于有车族来说，长途拼车不仅能够和拼车人一起分摊油费和过路费，还能为无聊的旅程增添一些趣味；而对于无车一

拼车上班，省钱又舒适，
你可以放弃自行车了。

族来说，长途拼车不仅解决了买票的烦恼，还免去了人挤人的旅程所带来的疲劳。

但需要注意的是，长途拼车由于路途较为遥远，安全性往往就更没有保障。除了车主和拼车伙伴的身份背景之外，在长途旅行中，也不免会遇到一些交通意外方面的麻烦。在拼车时，多数都是由车主自己开车，因此在发生交通事故时，司机往往需要承担搭乘者因交通事故而造成的人身伤害或财产损失责任。为了避免麻烦，在进行长途拼车之前，拼车双方最好能在一些问题上达成共识，或进行一些具体事项上的约定。

第三种：拼车上班

对于上班族来说，最理想的状况无疑是住宅与公司相邻，早上九点上班，八点起床还能慢悠悠吃个早餐。但很可惜，现实是残酷的，在大城市里，不少人上下班花在路途上的时间都很长。就以北京来说，上班路上需要花费一两个小时几乎是常事，你可能居住在东三环，却在南二环上班；或者你可能居住在郊区，却每天都要赶到市中心的公司上班。

在大城市，公共交通网络是比较发达的，但有时候，由于公共交通工具都有固定的路线，你从一个地方赶到另一个目的地，乘坐公共交通工具可能会浪费双倍甚至三倍的时间。但如果天天打车，又负担不起昂贵的出租车费用。在这种情况下，拼车上班便逐渐成了都市白领们的一种流行时尚。

众所周知，现在买车容易养车难，尤其在大城市，除了负担昂贵的油费、洗车费、汽车保养费等之外，停车费也是一笔不菲的支出。而拼车显然能够为有车一族减轻不小的经济负担。

不管你是有车一族，还是没车一族，与其每天辛辛苦苦赶公交车上班，或者承受着昂贵的打车费用，倒不如找一找和你路线相同的人，一起加入拼车行列，搭伙上下班，既方便又实惠，还能为城市减轻交通压力。

第四种：长期拼车

不少城市为了缓解交通压力，都在采取单双号限行的措施。因此，即便你是有车一族，在某些时候，当你想要出行时，却可能因为限行政策而不能开自己的车上路，这样势必会造成一些麻烦。

要解决这个问题其实并不难，你可以寻找和你相熟的朋友或同事，作为长期的拼车伙伴，为彼此提供方便。这样一来，无论今天是单号限行还是双号限行，你都能拥有自己的“私家车”。

拼购：
“老板，来个团购价”

买东西的时候，如果只购买一件，是很难和商家杀价的，但如果购买的数量比较多，往往就很容易获得比较优惠的价钱。这其实并不难理解，虽然都是同样的商品，售卖一件，商家能从中获得一定的利润，售卖出的商品越多，商家所能获得的利润自然也就越多，在利润较多的情况下，商家自然更愿意给顾客一些让利。

很多商场、店铺在做打折优惠的时候，通常会推出一些能够促进消费的活动，比如“一件9折，两件8折，三件7折”，利用诸如此类的优惠政策提升顾客的消费欲望，以完成一定的销售目标。

在这种情况下，如果你并没有购置多件商品的需要，那么就只能要么按照9折购入一件，要么硬着头皮“凑单”去享受7折的优惠。很显然，无论哪一个办法都不是最佳选择。真正的最佳选择是能够以7折的价格购入心仪的一件商品。这个时候，你就需要找“志同道合”的伙伴来“拼购”啦！

进入打折购物季之后，各大商场都推出了不少优惠活动，比如换季清仓、年中店庆等等活动。在这些活动中，最为常见的就是诸如“满XX减XX”或“两件7折，三件6折”一类的优惠。很多时候，顾客为了凑够消费额享受减免优惠，或者凑够商品件数享受更低折扣，往往会硬着头皮花更多钱，买下一些自己并不是那么中意的产品。这样一来，虽然看似享受了优惠，但实际上浪费了不少钱。

今年却不一样了，拼购的流行让众多消费者都以满意的价格买到了心仪的商品。比如刚在“简”专柜买完裙子的胡小姐，就是通过拼购和另一位打算买针织衫的顾客，一起享受到了“一件8折，两件7折”活动中的7折优惠，两人都买到了自己想要的东西，还省下了好几十块钱。

一直热衷于拼购的景小姐，在和别人分享自己的“购物经”时也表示，拼购确实是省钱良方，有一次她在一家店铺看中了一件348元的外套，该店铺正在做“满200减100”的活动。如果单独结账，那么享受100元优惠之后，这件外套的实际价格就是248元。但景小姐通过拼购和另一位打算买一件188元短袖衫的顾客一块结账，最后两人都再获得了50元的优惠。

可见，时下流行的拼购的确称得上是“省钱神器”啊！但从现实角度考虑，在商场等实体店铺进行拼购时，最好和朋友或者熟人一起，如果你拼购的对象是个陌生人，那么在出现需要退换货的情况时就不好处理了，毕竟购物小票只有一张，只能留在一个人手里，另一个人想要退换货就会变得非常麻烦。

除了实体店铺拼购以外，网络拼购也是近年来大受欢迎的购物方式。一开始，大家进行网络拼购最主要的目的是为了分担运费。在网络上，我们常常能淘到一些价格非常便宜的东西，但如果算上邮费，网购的价格优势也就大打折扣了。比如说一件售价为10元钱的小商品，邮费可能是8到15元不等，加起来还不如直接去实体店购买划算。至于有的1块几毛的小商品，那就更不用想了，商品价格还不如邮费贵呢。但如果进行拼购就不同了，购买数量足够多时，不仅能够平摊邮费，降低成本，甚至可以和老板商谈，看是否能再次降价，并获得免邮的优惠。

网络为人们提供了一个非常便于交流的平台，也为不少陌生人建立起了相约拼购的可能。有时候，当你想要购买一件商品，你未必能从认识的人中找到同样有购买这种商品需要的人。而且，我们所认识的人毕竟是有限的，即便大家约着一起去买某个商品，能购买的数量也有限，砍价的空间自然也不会很大。但网络的存在打破了这种限制，你只要在相关的论坛上发帖，就能召集到不少“志同道合”的网友进行响应，当拼购人数达到一定量时，你自然就有了和商家砍价的资本，而参与拼购的每个人也都能享受到优惠和折扣。

拼餐：“吃只烤全羊，付只羊腿钱”

现在的上班族，由于时间、交通等多重因素，中午就餐通常都是直接在外面解决的。有的公司提供盒饭，有的人自己带便当，还有的人则顿顿下餐馆。无论哪一种方式，都实在让人提不起劲头来啊！

你想想，外卖吧，既不卫生，也不好吃；自己带便当吧，营养流失就不说了，会不会做还不一定，即便会做，有没有时间做也不一定，即便有时间，来来去去总是那几个菜，怎么都吃烦了吧；下餐馆吧，倒挺好，可以换着花样选自己喜欢的，可问题是，你得有多强大的经济支撑，才能天天下餐馆，顿顿吃大餐？

在这样的痛苦和折磨中，拼餐族诞生了！

什么叫拼餐呢？其实就跟聚餐差不多，一大群人去吃饭，然后平摊饭钱，或者按约定轮流聚餐。这种新就餐形式对于不少上班族来说简直就是天降“福音”啊，你可以顿顿下馆子，可以尝到不少菜色，却只需要出一份钱！这就像不少热衷于拼餐的网友们所形容的：“吃只烤全羊，只需要付只羊腿的钱！”

拼餐的好处是非常多的，比如你可以吃到更多种类的食物，避免摄入营养过于单一；通过拼餐，可以以较少的花费去吃较好的餐厅，在卫生方面比较有保障；如果是和同事一拼餐，有利于增进彼此感情，如果是和陌生人拼餐，可以认识更多朋友，或许还能遇上属于你的缘分呢。

任何事情有好处就必然存在弊端，拼餐也一样，在享受种种好处的同时，拼餐也会给我们带来一些“副作用”。比如拼餐依然是去饭店吃，但饭店的菜盐分和油脂都是超标的，既不利于健康，也不利于女人保持身材；拼餐虽然性价比高，但往往可能增加了我们的吃饭成本，每顿拼下来至少需要10元以上；拼餐虽然吃得开心，但吃饭战线容易拉长，甚至可能耽误工作。

拼餐的流行不仅为许多上班族提供了新的就餐选择，也给不少人带来了赚钱的灵感。

罗芳和丈夫李伟是一对从农村怀抱着梦想来到城里创业的年轻小夫妻，和所有创业者一样，他们也梦想着有一天能打拼出一片属于自己的天空。

李伟是名厨师，做得一手不错的家常菜，于是便拿着所有积蓄，在尚未完全发展起来的开发新区科技园区附近租了一处小店面，开了一家小餐馆。罗芳没有什么特长，文化程度也不高，就近在科技园区的写字楼找了一份清洁工的工作，每天早、晚各打扫一次，白天还能在小餐馆里给丈夫帮忙。

餐馆刚开业的时候，生意还算可以，但附近工作的大多是年轻人，年轻人都比较贪新鲜，周边的餐馆也不少，因此没多久，生意就渐渐淡下来了。李伟看在眼里，急在心里。

一次，罗芳在做清洁的时候看到一张报纸，报纸上有一则关于“都市白领流行拼餐”的报道，罗芳心头一动，把报纸收了起来，回去就拿给丈夫李伟看。两人合计了一晚上，觉得拼餐这法子可行，新鲜又好玩，肯定能吸引那些年轻人。

有了这个想法之后，夫妻俩马上就开始行动了，他们印了一大摞名片，名片上罗列了各种拼餐细则，还留下了详细的联系方式，有电话号码、QQ号码、微信号码等，一应俱全。顾客可以在餐前提前报名，由大厨李伟来负责给他们安排拼餐。罗芳则借由做清洁的机会，负责到写字楼进行宣传、发放名片。

别说，这法子还真管用，除了吃饭性价比高之外，每天会遇到什么样的“餐友”也让人充满期待。罗芳还特别懂得察言观色，常常会找机会和常来的顾客聊上几句，然后根据这些熟客的兴趣爱好指导李伟进行座位安排。久而久之，竟无意中撮合了几对互相看对眼的小情侣呢!

拼餐的发起原本就是为了帮上班族改善伙食，而聪明的罗芳则从中看到商机，把这事做成了生意。可见，只要你注意留心，生活中不少地方都藏着商机。尤其在这个拼客大行其道的时代，省钱技巧同时也能成为赚钱良方。

拼卡：
“让卡的价值最大化”

你打开任何一个女人的钱包，通常都会看到厚厚一沓各种各样的卡，除了工资卡、储蓄卡、信用卡、工作卡、门卡等等必备卡片之外，可能还会有不少各式各样、涉及各个消费领域的会员卡、积分卡。比如，超市购物卡、服饰店会员卡、健身房健身卡等等，这就是一个充斥着“卡”的神奇时代。

如今，办卡似乎已经成了一件流行的事，各个商家，不管售卖什么，都开始推出各种各样的卡，积分卡、购物卡、会员卡、打折卡……总之，应有尽有。而女人通常都很爱办卡，只要消费过的地方能办卡，几乎都会办一张放在包里。可这些卡虽然办起来容易，但真正想通过这些卡占商家的“便宜”却绝对不是一件容易的事儿。

不管是积分卡还是会员卡，都有一个共同特点，那就是消费越高，你能享受到的优惠才越多。比如你可以到商场积分兑换专区去看看，想要兑换一套价值大约30元上下的玻璃碗，你至少得花费3000元以上才能得到相应的积分。换言之，即便你办理了一大堆的各种卡，如果没有高消费作为支持，事实上你可能根本享受不到商家所推出的种种优惠。

为此，聪明的女人们想出了各种各样的方法，通过“互相帮助”建立起了强大的“联盟关系”，那就是当下年轻人最为流行的——拼卡。

26岁的邱琳堪称会员卡达人，她光顾过的店铺，只要推出会员卡，她就一定会办一张。在她的包包里，装着各种各样的卡，1000元的咖啡店充值卡、2000元的美甲店护理卡、5000元的健身房健身卡、10000元的美容院养护卡……此外，还有二十几个品牌服饰店的会员卡、十几个餐馆的打折卡和不少商场、酒吧的VIP卡。

这些卡都是邱琳和朋友们一起办的，现在很多地方消费时只要提供会员卡号或电话号码就能进行积分、打折，因此根本不需要人手一卡，大家合起来共用一张卡，不仅积分更多、折扣更大，兑换礼品时也能换到更好的东西呢！

消费这件事，果然还是人多“力量”大啊。

拼卡除了能让年轻人享受到更好的折扣，和拥有更多的积分去兑换礼品之外，也能帮年轻人减少“充值”负担。比如很多商家推出的会员充值卡要求充的额度可能会很高，这对不少年轻人来说经济负担就比较重了，可是不办的话又不能享受到其中的优惠，怎么办呢？很简单，通过拼卡解决困难，找人一起合办，不仅能够分担经济负担，还能联合消费，让积分更多。

对于商家来说，他们也并不反对顾客进行拼卡，有的大型连锁超市和店铺甚至推出了“家庭卡”，给每个办理会员卡的人都发放三张卡，而这三张卡的积分将合并到一起，这样可以把所有家庭成员们的消费都换成积分累加在一起。

除了拼这些会员卡、积分卡之外，不少人为了享受到信用卡的种种优惠政策，甚至会“拼”信用卡。

杨颂儿在生活里就是个典型的“拼”信用卡达人。

回想当初办信用卡的时候，工作人员给杨颂儿讲解了信用卡的种种

消费这件事，果然还是
人多“力量”大啊——拼卡更省钱。

好处和优惠。可杨颂儿办完卡之后才发现，这好处和优惠享受得不多，每年的各种费用交得可不少，而归根究底，享受不到这些好处的原因只有一个，那就是杨颂儿没有达到足以享受到好处和优惠的刷卡次数或消费数额。

为了增加自己的刷卡次数和消费数额，杨颂儿开始有意识地在日常消费中使用信用卡付款。一次，杨颂儿买了一套小户型住房，听售楼人员说付首付可以刷信用卡，这套房首付一共27万元，杨颂儿高高兴兴地用信用卡刷了6万，心想这次怎么着消费额也达到了。可没想到，下月积分一结算杨颂儿才发现，原来刷卡买房根本没积分。不止买房，像买车、批发以及在一些公立性商户消费，信用卡支付都是不给积分的。

于是，杨颂儿开始从身边的人身上“下手”了。和朋友一块儿吃饭，杨颂儿主动刷信用卡，刷完再收现金；商场购物，她主动帮朋友刷信用卡拿折扣，自己则可以积分。自从拼卡以后，杨颂儿才终于算是享受到了信用卡的种种好处。

像杨颂儿这样在日常生活中进行拼卡，使用信用卡帮身边的人消费，确实是累积信用卡积分的好办法。不少商户与相应的银行都是有联系的，很多信用卡在合作商户进行消费时，通常都会有一些相应的优惠，比如打折、返现等等。杨颂儿用信用卡帮熟人付款，既可以让熟人拿到划算的折扣，自己也能如愿积分，享受信用卡消费的优惠政策，可谓双赢策略。

但需要注意的是，拼卡虽然能让卡的使用价值最大化，但也存在着不少风险。随着拼卡族的不断壮大，有的人从中看到了商机，于是便发展出了一个新团体——职业“拼卡人”。这些职业“拼卡人”在各个网站发布消息，利用自己所拥有的会员卡、信用卡等优惠来帮别人购买东西，然后从中赚取差价。

结果，不管是职业“拼卡人”，还是请求拼卡的消费者，通过网络与陌生人拼卡的过程中，都遭遇过一些骗局。尤其是不少职业“拼卡人”，在和别人拼卡时，往往需要透露自己的姓名、联系方式以及身份证号码等隐私信息，这些信息泄露后很可能会被一些别有用心的人利用，造成严重损失。

因此，在这里告诫各位姐妹，拼卡确实能让卡的使用价值最大化，但为了个人安全，还是选择和熟人拼卡比较好。

不管“拼”什么，

白纸黑字的合同永远比山高海深的交情要靠谱。

关于钱的事，

无论你们是什么关系，

都最好算清楚。

眼观“钱”路，心听“钱”事：

财经消息比娱乐八卦有用得多

发明创造，靠的是天分；积累财富，靠的是勤奋。

想赚钱，就要做到眼观“钱”路，心听“钱”事，眼睛总盯着娱乐八卦，不如用脑子多留意财经消息。明星不会给你送钱用，理财师却能帮你赚钱花。

女人一定要记住，别总抱怨自己没有经济头脑，多学点金融知识，多关注经济消息，先把脑子动起来，天赋不够，勤能补拙！

打理财富，
赶早不赶晚

虽然理财师常常告诫我们："理财要趁早。"但事实上，并没有多少人真正理解这个观念的重要性。而且，越是年轻的人，往往就越是缺少理财观念。

就以养老问题为例，你是几岁的时候开始考虑养老问题并付诸实践的？20岁？30岁？40岁？大部分人至少都是30岁以后才开始为自己的养老问题做规划吧，有的人可能是在40岁之后，甚至有的人可能根本毫无规划。

也许你会问，几岁开始做规划真的那么重要吗？在回答这个问题之前，我们先来看一个例子。

假设理财年收益为7%，并且一直保持不变，A小姐和B小姐采取了两种不同的理财方式为自己的养老问题做规划：

A小姐从20岁的时候开始储蓄，每年投入1万元，一直到30岁，一共投入本金10万元，到60岁时全部取出，将其作为自己的养老金；

B小姐从30岁的时候开始储蓄，每年投入1万元，一直到60岁，共计投入本金30万元，同样60岁时全部取出，来作为自己的养老金。

那么，你认为，A小姐和B小姐，谁最终得到的养老金更多一些呢？从表面上看，A小姐和B小姐所进行的投资回报率是相同的，而B小姐投入的本金有30万，A小姐却只投入了10万，这样看来，显然B小姐最终得到的养老金应该比A小姐多。可是，事实真的如此吗？

其实，只要你动笔算一算就会发现，比B小姐早十年开始进行理财规划的A小姐，虽然只投入了10万元的本金，但到60岁时，她却可以得到大约70多万的养老金；而B小姐呢，虽然投入了30万元的本金，但到60岁时，她最终能得到的养老金大约只有60多万。看到了吗？在投资理财的世界里，时间确实是金钱。这就是为什么理财大师们总是不断地告诫我们，打理财富这件事，赶早不赶晚，你越早开始理财，你就越能尽早地拥有更多财富。

为什么早理财和晚理财会有如此大的差距呢？这其实就是神奇的“复利效应”。所谓的“复利”，指的就是利上加利，简单来说，就是将所得到的利息一并算入本金中计算下一期的利息。正如著名的物理学家爱因斯坦所说：“复利是世界第八大奇迹，其威力甚至超过了原子弹。”

如果你对数字实在不敏感，那就再来看一个故事，相信从中你一定能领略到“复利”的非凡魅力。

一个十分富有的财主，在临死前他将两个儿子叫到了床前，并提出了两个不同的财产分配方案，来让两个儿子选择：

方案一：一次性获得1000两白银；

方案二：每天获得0.1两白银，但之后每天给的数目都会是前一天的一倍，一直累加一个月。

大儿子一听，毫不犹豫地选择了第一个方案，高高兴兴地拿着1000两白银走了，认为自己占了大便宜。小儿子想了想，选择了第二种方案，结果呢，一个月后，他拿到了超过一亿两白银。

很神奇吧，不起眼的0.1，经过每天翻倍之后，在仅仅一个月的时间里就能变成“天文数字”。但很可惜，在现实生活中，绝大部分的女人都会和财主的大儿子一样，选择那1000两白银，而对小小的0.1视而不见。是啊，与1000相比，0.1的吸引力实在太小了，小到你根本都懒得费心去计算，在不断地增值和累加之后，它究竟能创造出一个怎样的增值奇迹。

理财永远不嫌早。也许你现在确实足够年轻，也许你依然惬意地享受着“月光族”生活的随性与轻松，也许你认为自己还有大把的青春与时光可以挥霍，也许你觉得以后还会有足够的时间来为“过冬”储备“粮食”……可你是否想过，在这些许许多多的“也许”中，你错过的，正是那能够创造出奇迹的、看似不起眼的一个个“0.1”。

“打理财富，赶早不赶晚”，这不仅仅是一句空洞的口号。试想一下，假设某基金的年回报率为10%，我们每个月都在该基金上投入100元钱，那么，在“复利”的计息下，我们会得到这样一组数据：

50岁开始进行定投，10年后，60岁的你将会拥有本息共计3万元；

40岁开始进行定投，20年后，60岁的你将会拥有本息共计7.5万元；

30岁开始进行定投，30年后，60岁的你将会拥有本息共计20万元；

20岁开始进行定投，40年后，60岁的你将会拥有本息共计63万元。

如何？面对这样的结果，你还能一如既往，淡定地说自己还年轻，不需要尽早开始理财吗？

尽管我们所举的种种例子都没有将“复利效应”中潜藏的投资风险和各种复杂的客观影响计算在其中，但不管怎样，在“复利”的世界里，时间所带来的财富增值空间绝对是你无法想象的。

如果你还年轻，那么恭喜你，你拥有足够多的时间在“复利效应”下实现财富增值的奇迹；如果你已经不再年轻，那还等什么？赶紧踏上理财之路。聪明的女人总是懂得未雨绸缪，为以后的幸福早做打算，无论何时开始都不算晚，无论何时开始都不嫌早！

用智慧抓住
不平常的商机

赚钱这件事，最忌讳的就是扎堆儿。财富就像一块大饼，争抢的人越多，分到每个人手里的就越少。但在现实生活中，人们往往很容易忽略这个因素，只盯着那块财富的饼有多大，却忘了环顾一下四周，瞧瞧争抢的人有多少。

在任何一堂财富课上，我们都能听到一个和赚钱挂钩的名词——商机。商机是什么？简单来说，就是商业机遇，它就像是一把打开财富之门的钥匙。每个人都有机会得到这把钥匙，但最先得到的人，就能率先进入财富大门，获得门后有限的宝藏。所以说，人人都看得到的商机，就不是商机了，那些真正能带领你走上致富之路的商机，都是难辨而不平常的，它出现时总带着面具，很不显眼，一不小心就会从你身旁溜走，而它的身后，往往跟随着令人惊讶的巨大财富。

在美国西部出现的淘金热潮中，有两个非常有名的人，他们靠着这股热潮发了大财，但有趣的是，这两位的财富可都不是靠“淘金”得来的。他们分别是著名牛仔品牌“Levi’s”的创立者，即牛仔裤的发明者李维·施特劳斯，和世界上第一个在工厂里生产罐头的企业家，即美国“亚默尔公司”创始人菲利普·亚默尔。

黄金吸引着无数的淘金者，施特劳斯也是其中的一个，但很可惜，他来到西部之后才发现，有黄金可挖的地方都早已经被人占满了。他也给自己找了一片沙滩，最终一无所获。为了生活，施特劳斯只好在旧金山开了一个小商店，出售一些生活用品。施特劳斯发现，许多淘金者都渴望拥有更结实的衣服和裤子，因为金矿里到处是棱角分明的石头，加上繁重的体力活，普通的衣物常常穿不到一个月就已经破烂不堪了。在这样的情况下，施特劳斯做了一件大胆的事情：用做马车篷子的帆布做裤子，那可结实多了！就这样，风靡全世界的牛仔裤出现了，施特劳斯也找到了属于他自己的巨大“金矿”。

亚默尔和施特劳斯一样，也是被金子的光芒吸引而来的。然而，现实与想象永远无法同步，抱着美好憧憬而来的亚默尔，看到的只是大片的荒原，和无数疲惫的淘金工人。为了生存，亚默尔也成为了一名淘金工人，和工友们一起顶着烈日干活。在淘金过程中，亚默尔发现，工人们太需要水了，可这里是沙漠，几乎连一滴水都难以找到。既然如此，为什么不卖水呢？这个灵光一现的想法让亚默尔脱离了毫无希望的淘金大军，通过向这些淘金者出售水，亚默尔淘到了人生的第一桶金，实现了自己的“黄金梦”。

什么是商机？这就是商机！牛仔裤、水，这些被人们忽略，却又被人们所渴望的东西，正是背后跟着滚滚财富的巨大商机！金子的光辉的确充满了巨大的吸引力，但也正因为它实在太有吸引力了，全世界无数双眼睛都盯着它，无数双手都试图去抢夺它。想要得到它，便变得困难无比。因此，金子已经不再是商机，它俨然已经成为了一个吸引人们去“赌博”的脆弱的财富美梦。

从客观角度来说，在当今社会，虽然无数人高举着“男女平等”的旗帜，但事实上，在职业发展上，男女始终是不平等的。不管从哪个方面来说，女人的竞争力始终要比男人弱得多。尤其是那些拥有家庭的女性，总是不可避免地要为家庭的幸福与稳定作出牺牲。因此，女人想要获得财富，就更需要用自己的智慧，去抓住那些不平常的商机。

既然商机难寻，那么，我们该如何揭开它的面具，从茫茫“财海”中抓住它呢？社会学家们通过科学的研究和分析，总结出了商机的一些主要特征：

1. 客观性

商机是客观存在的事实，是能够通过客观因素来进行分析解读的，而不是你主观的臆想，你的“感觉”“直觉”“认为”等等，都不能作为辨别商机的依据。

2. 偶然性

商机是一种特殊的机遇，有着非常明显的偶然性。因此，如果某个现象或某个需求是长期存在的，那么它通常不能被称为“商机”。

3. 时效性

“机不可失，时不再来”，这句话用来形容商机再贴切不过了。机会总是稍纵即逝的，因此要记住，在机会面前不要犹豫，而那些总能“等待”你的机会，很可能只是场骗局。

4. 公开性

商机是客观存在的，因此，任何人都可能发现它。

5. 效用性

商机就像一根有力的经济杠杆，在事业的发展中是不可或缺的。

6. 未知与不确定性

商机具有很强的不确定性，它不是一种具有延续性、固定性的存在，而是随事物的变化在不断变化，也就是说，今天的商机，到明天或许就一文不值了。

7. 难得性

随处可见的机会，绝对不叫商机，因此，对于那些大街上、媒体上频频出现的“赚钱广告”，还是小心甄别得好。

许多女人哀叹自己缺乏商业头脑，没有一双能够发现赚钱机会的“慧眼”。可是，亲爱的，当你这么哀叹的时候，能审视一下你所关注的日常信息吗？某某明星的娱乐八卦、邻居的家长里短、拖沓冗长的偶像剧……如果你的眼睛总盯着这些，如果你的脑袋里只装着这些，你怎么可能发现商机呢？

我并不要求你成为一名专业的理财人士，也不指望你成为一本财经“百科全书”。但是亲爱的女人，你至少应该知道世界在发生什么，至少能看看财经新闻吧？要做到这些，不需要无比聪明的头脑，也不需要过人的悟性，只要你愿意去学习、去思索、去关注就够了。

世上无难事，只怕有心人。在财富世界中，只要你有心，勤于学习和思考，就一定能找到属于自己的财富道路。

编织人脉，网罗财富

“人脉就是钱脉”，这话一点儿都不假。在这个信息网络异常发达的年代，掌握无限的信息，就意味着掌握了无限的财富。而信息主要就是来源于你的人脉网络，换言之，你的人脉有多广，你所能接收到的信息就有多广，你能抓住的赚钱机会也就有多广。

女人想要赚钱，拼劳力肯定是不行的，必须得拼巧力、拼头脑、拼信息。巧力和头脑你只能靠天赋，但人脉你可以想办法努力去经营。因此，想要网罗财富，就先编织一张成功的人脉网络吧。人脉这笔无形的资产，将成为你致富道路上披荆斩棘的强大利器！

大学毕业后，苏倩倩顺利进入一家国际大牌化妆品公司工作。由于苏倩倩为人聪明，又敢想敢拼，很快就得到了部门经理陆海清的提拔，做了她的私人助理。

虽然陆海清提拔了苏倩倩，但从个人角度上来说，苏倩倩其实一直都“看不上”陆海清，她总觉得陆海清没有什么才华，为人也没什么魄力，处事更是不够雷厉风行。虽然公司里上上下下的人都和陆海清关系很好，也都很尊重她，但苏倩倩心里依然对她嗤之以鼻。

有一次，公司把一个宣传活动的策划全权交给了苏倩倩负责。苏倩倩知道，这是一个机会，公司近来打算开一条化妆品副线，这次让她来做这个活动，就是为了考察她的能力，如果这次活动能漂漂亮亮地完成，让公司满意，那么她就有机会成为那条副线的负责人。

为了办好活动，苏倩倩做了很多准备工作，在活动举办前夕，苏倩倩收到消息，说国内一个非常知名的男明星正巧在活动举办的那天会下榻活动举办宴会厅所在的酒店。苏倩倩顿时灵光一闪，如果能够请这个男明星到宴会厅露个脸，即便什么都不用做，必然也能壮大这场活动的宣传声势。有了这个想法之后，苏倩倩就赶紧行动起来，托人查到了那个男明星经纪人的航班号。

可虽然苏倩倩顺利“堵”到了男明星的经纪人，对方却说什么也不愿意安排这件事，强硬而果断地拒绝了她。可没想到的是，苏倩倩刚准备放弃，却看到上司陆海清出现在了机场。原来陆海清和这个男明星的经纪人是老朋友了，特地来接机。

苏倩倩怎么也没想到，自己苦口婆心地说了一大通，都恨不得要跪下磕头了，也比不上陆海清轻描淡写的一句话，就顺利帮她请到了这个男明星。

很多时候，哪怕你舌灿莲花、雄辩滔滔，也未必能成功促成一次商谈。可这个时候，如果能有一位关键的人物出来帮你，仅需开个“金口”，这事十有八九也就成了。这就是人脉的力量。

别觉得人脉就意味着“走后门”，你想想，假如你面临着很多选择，这些选择能让你得到的好处都差不多，开出的条件也都差不多，你无论选择谁其实都可以。这个时候，其中有一个人和你是有交情的，或者那个人与你有着某些关系，可能存在一些附加价值，你会怎么选择？毫无疑问，肯定选择有交情、有附加价值的那个呀！既然选哪个都一样，为什么不卖个人情，讨个好呢？

所以说，人脉的积累不是为了“开后门”，而是为了让你的“资本”更加雄厚，进一步增强你的“战斗力”。这个社会就是由人构成的，而人与人之所以能构成一个完整的社会，就是因为人与人之间有着各种各样的联系和牵绊，这些联系和牵绊把人和人紧密地“捆绑”在了一起。而人脉，就是要加强这些联系和牵绊，拉近你与更多人的距离，从而尽可能地团结起更多的力量，让自己的“阵营”更强大，在社会上攫取到更多的资源和财富。

那么，如何才能编织起成功的人脉网络呢？以下几种关系是非常值得维护的资源：

1. 良师益友

单凭自己的力量想要成就大事几乎是不可能的，但如果能够获得良师益友的支持和帮助，从而形成一个紧密联合的团体，所迸发出的力量就会非常惊人了。

2. 朋友关系

俗话说“多个朋友多条路”，两个没有任何血缘关系的人，往往通过友情也能发展成为生死之交。朋友无疑是人生中一笔非常宝贵的资产。

3. 亲戚关系

正所谓“是亲三分近”，亲缘关系可以说是上天赐给你的第一笔人脉财富，这种血浓于水的关系决定了彼此之间的亲密性。因此，人们通常都会与亲戚保持较多的联系，而且在陷入困境之时，亲戚也会是首要的求助对象。

4. 同学关系

在现代社会的交往中，同学总会在某些时候给予你意想不到的重要帮助。同学关系比起一般朋友来说，往往要更加质朴、亲切，毕竟大家有过许多共同成长的经历，这是很多关系都比不上的珍贵回忆。因此，平时不妨多与同学联系，因为任何感情不注意维护，都会有慢慢疏远的一天。

5. 老乡关系

中国人对故乡往往都会有一种非常特别的感情，尤其是当人在异乡的时候，哪怕见到一个完全陌生的老乡，也会从心底油然而生一种亲切感，也难怪乎会有这么一句俗话："老乡见老乡，两眼泪汪汪。"因此，在外打拼，能遇见老乡是种缘分，不妨多维系维系这层关系。

除此之外，如果你经常有机会参与各种饭局，不妨利用这些机会为自己创建一些人脉。虽然说，同桌吃饭未必能让你交到真朋友，但据研究，世界上所有的谈判中，有80%是直接或间接在饭桌上直接敲定的。再者，饭局上气氛通常会比较轻松，人的情绪也相对会比较放松，如果在饭局上表现好，很容易就能给别人留下好印象。一定要记得准备好名片，在获得别人的好感之后马上递给对方，让他记住你。

任何一个成功的人都不会忽视人脉的重要性，所以，经营好你的人脉，总有一天你会发现，他们能带给你的东西，远远比你想象到的更多。

保险，让女人后半生更有保障

提起保险，很多人心中都会自然生出一种“抵触”的感觉。主要是现在很多保险推销员们不依不饶的“精神”有时确实令人反感，以至于很多时候，只要听到“保险”二字，不少人脑海中就会自动冒出相对应的“骗子”二字，自然也就没什么心思再去认真了解了。

事实上，在很多发达国家，保险早已经深入人心。人生无常，你永远不知道在生命下一刻会遭遇什么，或许是好事，但也可能是打击。保险最大的作用，就是能够在我们遭遇打击、陷入绝境之时，为我们提供财务上的支持，以帮助我们顺利渡过难关。

不少人之所以会对保险产生抵触心理，认为保险推销员都是“骗子”，可能是因为他们在对保险了解不清晰的情况下投保了对自己而言根本不实用的险种，或者在申报保险的过程中因为违反了某些条款而遭受过损失。无论是哪一种原因，保险推销员显然都是责无旁贷的。

现在很多保险推销员为了自己的业绩，常常会不负责任地误导客户，让客户进行无用的保险投资，甚至为了推销保险，故意隐瞒了某些重要的保险条款，致使客户在不明白的情况下莫名遭受损失。

但不管怎么样，从客观角度来说，每个人都是需要保险的，尤其是女人。相比男人而言，女人所面临的“危险”和意外往往会更多，单是想想那些高发的“女人病”就已经让人头疼不已了，更何况还有各种严重的经济问题、养老问题等等。可以说，买对保险，就是为女人后半生找到了保障。

何树芳在参加同学聚会时重遇了中学时候关系特别好的同桌杨朵朵，算起来，两人已经有近十年没见过面了。

原本重遇好友是件特别开心的事情，可何树芳怎么也高兴不起来。原来杨朵朵现在在卖保险，和何树芳聊天，整个晚上三句不离保险，最后无奈之下，何树芳只得很不情愿地跟杨朵朵替妈妈买了份大病保险。之所以买这个保险，只是因为这个保险是杨朵朵推荐的保险中最“便宜”的。

事实上，何树芳一直都觉得，保险就是“骗钱的”，要不是面子上实在抹不开，她是一点儿也不想买的。

买完这份保险之后，何树芳就像完成了一个任务一样，也没放在心上。可没想到的是，仅仅在一年半后，何树芳的母亲在体检时居然查出了毛病，就在何树芳一筹莫展之际，杨朵朵反倒是听到这事主动来找她了，何树芳这才想起来以前给母亲买过保险……

有的事情就是“无巧不成书”，何树芳抹不开面子的一次“不情愿”，反倒在冥冥中成为了日后一份坚实的保障。可见，没事的时候总觉得保险似乎没什么用处，可一旦遇到问题，它往往可能会成为你最为坚实的“臂膀”和“依靠”。

当然，我们在买保险时不能像何树芳那样“不负责任”，挑便宜的买。若不是真有这种巧合的事，何树芳完全不经过挑选和规划买的保险，真就是浪费了钱。下面我推荐一些非常适合女性的保险分类给大家看一看，各位姐妹不妨也想想，自己需要为自己设置什么样的保障，购置什么样的保险。

我们的后半生
还是交给保险比较放心。

1. 单身贵族型：年龄20~30岁

女人的青春总是很短暂的，虽然目前单身的你还青春逼人，精力充沛，有足够的资本来赚钱养活自己。但是你是否想过，青春总是稍纵即逝的，随着岁月的流逝，终有一天你会老去，到老去的那一天的时候，你还有足够的自信养活自己吗？再不未雨绸缪，等真到了那一天，悔之晚矣。

根据你现在的情况来看，收入不多却支出不少的你在购买保险时，应该以保障自己为前提进行配置，比如保费较低的寿险加上住院医疗、防癌险等健康险和意外险，这样的实惠组合想必非常适合你。

如果你的工作单位有相应的福利政策，那么恭喜你，你能省去不少开销呢。当然，如果你觉得自己还有能力和意愿再多给自己追加一些保障，可以先咨询一下保险经纪人，但记住，不管他说什么，都不要当即下决定是否购买，给自己点时间好好想想，别那么容易就被忽悠了。

2. 贤妻良母型：年龄30岁以后

假如你已经步入了贤妻良母的人生阶段，或者即将步入贤妻良母的人生阶段，那你就到要为整个家庭做打算的时候了。通常到这个时候，你的家庭收入应该已经较为稳定，有足够的能力为全家人配置更为安全周到的保险保障了。

这个时候，你的家庭可能正处于“基本建设”初期，但对未来即将面对的风险也该有所考虑，在保障额度上不要吝啬支出。最基本的健康医疗、子女教育和退休养老方面的保险都不能少。此外，最好采取夫妻互保的方式，或者多添加一份具有分红性质和理财功能的保险。各种不同险种搭配在一起，可以实现理财和疾病、意外、养老保障等综合功能，减轻家庭负担，增加家庭抵御风险的能力。

3. 单亲母亲型：年龄30岁左右

随着离婚率的日益增高，单亲妈妈这个群体的数量也与日俱增。在社会中，女人相比男人而言，绝对是经济弱势群体，因此，压在单亲妈妈们身上的担子是非常重的。单亲妈妈不仅要承受婚姻失败所带来的打击，还必须担负起养育子女的责任，在这种情况下，家庭经济问题往往是单亲妈妈需要面对的最严峻考验。因此，对于单亲妈妈们而言，健康就显得尤为重要了，这种时候一旦生病，随时可能让生活面临崩溃。所以，在配置保险时，单亲妈妈们一定不能忘记，给自己配置一份健康险。

此外，儿女的教育和医疗问题也是亟待解决的，这些方面的支出额度通常都不小。所以，单亲妈妈们应该对这一类的保险进行充分了解，尽可能在这些方面设置更为周全的保障。

除了以上所介绍的这些类型的保险之外，对于女人来说，一些专门针对女性自身身体状况的保险也可以考虑一下，毕竟很多女性疾病都属于高发疾病。

总之，无论如何大家都要记住一点，不管你是因为何种目的去购买保险，在选择险种时，都应该从自己的实际需求出发。购买保险，不仅仅是一项投资，更是为你和你在乎的人购买一份关于未来的幸福保障。

专业投资术语，你了解多少

在现代家庭中，理财作为一种能够有效管理和使用自有资财的能力，已经被越来越多的人所重视。不少女人曾经一听到理财就“头疼”，一看到“金融”两个字就打瞌睡，现在也都开始逐渐踏上了投资理财之路。

投资理财是任何人都可以做好的，你不一定非得是个金融专家，也不一定非得精通算术，更没有必要非得看懂复杂的财务报表。但是，那些常见的专业投资术语，你至少应该知道它们的意思。

现在，我们就一起来看看那些专业的投资术语：

1. 复利

在心理学上有一种奇特的效应叫作马太效应，其主要的内容就是穷人越来越穷，富人越来越富。其实在金融学中也有这样的概念，那就是复利。复利，用通俗的话来解释就是利滚利。本金通过投资，在一定时间里产生的利息，连同本金进行二次投资，本金和利息产生了新的利息，新的利息的数目就要高于之前产生的利息。有些人可能不理解，投资的利息能有多少呢？

在古代西方有一个智者，国王与智者下棋，国王许诺说，如果智者赢了，就允许他提出一个要求，但是国王有权力拒绝过分的要求。一局对弈结束，智者赢了。智者对国王说，我在棋盘第一个格子里放一枚金币，在第二个格子里放两枚金币，在第三个格子里放四枚金币……以此类推，最终将棋盘上64个格子装满就可以了。国王国库充盈，最不担心的就是金钱的问题，于是满不在乎地答应了下来。国王叫来财务大臣，命他计算一共该给智者多少金币。还没算到一半，财务大臣就满头大汗，在国王的耳边耳语了几句，国王也是面如土色。原来，通过计算，到棋盘中最后一个格子时，国王要给智者18，446，774，073，709，551，615枚金币。别说国库里的钱了，如果国王遵守承诺的话，1000年以后都还不清欠智者的金币。

复利就是这样一个神奇的东西，哪怕是小小的投资，在收益稳定的情况下，日积月累，利上加利，也会变成一笔不小的财富。

2. 洗盘

洗盘是一种股市用语，特指庄家为了达成自己低买高卖的目的，必须采用一些手段让散户抛出自己手中的股票，减轻上档压力，增加持有股票的人手中股票的平均价位。在洗盘的过程中，老练的庄家就可以趁机赚一笔，用来填补日后的持股成本。有很多投资者对金钱非常看重，对自己缺少信心，往往就会中了庄家的计，抛出了手中的股票。庄家经过运作以后，股票的价格必定会节节上涨，抛掉股票的散户会后悔不已。

洗盘这件事情并不是无迹可寻的，如果能够掌握庄家的洗盘方式，就可以提前发现庄家的洗盘行为，避免错失良机。下面，我们就来介绍几种洗盘手法：

（1）打压洗盘。先将股票的价格拉高，然后马上打压价格，让价格回到低位。许多散户看见价格起伏，担心会进一步下跌，就将股票出手了。不过，这种洗盘方式，股票价格在低位停留的时间很短。

（2）边打边洗。这种洗盘方式是用间歇性的方式拉高股价，并且不时回档。许多散户看见价格上上下下，担心局势不稳，会选择一个自己可以接受的价格将股票抛出。

（3）大幅回落。这种洗盘手法一般是在大盘调整的时候使用，擅长投资的庄家会抓住时机吸收割肉散户抛出的股票，等待价格回升。

（4）横盘筑平台。在拉高股价的时候，突然停止，并且长时间保持该价格。许多散户会觉得该股票的潜力已经耗尽，缺少耐心的会将自己手中的股票抛出。

（5）T下震荡。这是庄家最常用的一种洗盘手法，也是任何时候都适用的洗盘手法。让股票的价格在一定的范围内进行波动，不上不下、忽上忽下，散户无法摸清庄家的动作，一不小心就掉进了庄家的陷阱。

3. 仓位

仓位指的是投资人实有投资资金和实际投资的比例。比如，如果你有10万元的投资资金，然后你用4万元买入某支股票或者基金，那么你的仓位就是40%；假如你把10万元全部买了基金或者股票，那你就是“满仓”了；假如你又把全部股票和基金卖出，那你就是“空仓”了。

4. 股利

股利指的是股利总额和期末普通股股份总数之比，也就是每一股股票在一定时期内所能分得的现金股利。股利总额指的是用于分配普通股现金股利的总和，这里说的是只考虑普通股的情况。目前，在我国上市公司股利分配的实务中，投资人最应该关注的，是每股股利有没有含税。据个人所得税法规定，凡是个人所得的红利和股息所得，都要交20%的个人所得税，通常由发放部门代扣。

5. 涨停板、跌停板

为了防止证券市场频繁出现价格暴涨或暴跌的现象，避免过分投机的情况发生，在公开竞价的时候，证券交易所会依法对当天证券所市场价格涨跌的幅度进行一些适当的限制。比如，当天市场价格涨跌幅度超过一定限度之后，就不能再继续涨跌了，这种现象就称为“停板”。其中，当天市场价格的最高限度就是“涨停板”，其对应市价称为“涨停板价”；最低限度就是“跌停板”，对应市价称为“跌停板价”。

6. 跳空

受到利多或利空的影响后，股价会出现较大幅度上下跳动的情况。当交易所内当天的开盘价或最低价高于前一天收盘价两个申报单位以上，或者当天的开盘价或最高价低于前一天收盘价两个申报单位以上的时候，又或者在一天的交易中，上涨或下跌超过一个申报单位的时候，我们都可以将这种股价大幅度跳动的现象称之为“跳空”。

7. 净值

净值指的就是“账面价值”，是股票价值的一种。净值的具体计算公式为：

股票净值总额=公司资本金+法定公积金+资本公积金+特别公积金+累积盈余—累积亏损

每股净值=净值总额／发行股份总权

股票净值能直接反映出公司过去年份的经营和财务状况，可以直接作为测算股票真值的主要依据。如果某股票净值高，那么说明公司经营和财务情况比较好，股票未来获利能力也比较强，股票真值相应也会比较高，市值也会上升，反则反之。

因为股票净值是根据现有的财务报表所计算出来的，因此相比股票真值和市值来说，更具真实性、准确性和稳定性，可以作为公司发行股票时选择发行方式和确定发行价格的重要依据，同时也可作为投资分析时的主要参数。